トコトンやさしい
EMCと
ノイズ対策の本

今日からモノ知りシリーズ

鈴木茂夫 著

エミッション(EMI)とイミュニティ(EMS)の両方を満たすEMC(電磁環境適合性)技術全般について解説し、ノイズ対策(ノイズの発生を少なくする技術、ノイズの影響を少なく受ける技術)の重要性とその考え方を具体的にわかりやすく紹介しています。

B&Tブックス
日刊工業新聞社

はじめに

製品に関するEMC（電磁環境適合性）規制はますます厳しくなる一方です。これには半導体技術の進歩によるICが高速になり、また低電圧動作のためノイズの影響を受けやすくなっていることです。製品からノイズを放射しない電子機器でも機器が置かれる環境ではノイズの影響を受ける可能性が十分にあり、このような機器もエミッション（EMI）と等価なイミュニティ技術を駆使しないと製品が意図した機能を発揮することができなくなってしまいます。本文は第1章から第10章で構成されていますが、ノイズの発生から受信までを一般の波として、波源、波の伝わり方、波の影響の三つの要素で考え、それぞれの要素を最小にするためにはどうすればよいか述べ（第1章）、EMC問題の重要性、EMCをエネルギー保存の法則から考え、外部に放射されるノイズを最小にするための考え方（第2章）、電界と磁界のでき方、電界と磁界に関する電磁気学の法則のEMC技術への適用の仕方（第3章）、回路構造からインダクタンスとキャパシタンスができ相反するこの二つの要素はEMCと大きくかかわるため非常に重要である（第4章）、電磁波を伝搬するガイドとなる伝送路の共振現象とEMCとの関係、及び共振現象をなくすインピーダンスマッチングの重要性（第5章）、ケーブルは長いためにノイズをよく放射し、また受信するアンテナとなる。ケーブルからのノイズ放射を少なくするための方法（第6章）、プリント基板に電子部品を実装し、レイアウトするときのEMC性能を最大にするための考え方（第7章）、電子機器の内部構成要

素をノイズ源、伝搬路、受信部をアンテナモデルで考える、回路ループから自然とできる2つのアンテナとは（第8章）、金属によるシールドと電波吸収体によるシールドのメカニズム（第9章）、ノイズ受信に対する耐性を高めるイミュニティ技術（第10章）について述べています。従ってEMC技術全般について初心者にも理解できるよう平易に解説しているので、基礎原理を基に実務でも使用できるように配慮しています。広くノイズ対策の業務に従事される又は、これから従事される方のために参考にしていただけるよう配慮しました。読者の皆様方に本書が少しでもお役に立てれば幸いであると願っております。

最後に本書をまとめるにあたり、原稿の校正、注意点等有益なご指導をいただきました日刊工業出版プロダクション　北川　元氏並びに日刊工業新聞社出版局書籍編集部の部長　鈴木　徹氏に心から感謝いたします。

2014年9月

鈴木茂夫

トコトンやさしい
EMCとノイズ対策の本
目次

第1章 EMCは波の世界である（波源、波の伝わり方、波の影響）

はじめに ……1

1 ノイズの問題とは波を考えることである ……10
2 電界の波も磁界の波も横波である ……12
3 波の進む速さは伝搬する媒質の状態によって変わる ……14
4 デジタル信号はきれいな波（Sin）の集まりである ……16
5 波源（エネルギー源）の大きさは振幅と変化の速さで決まる（省エネ設計）……18
6 波のエネルギーを閉じ込めて伝える方法（漏れ電力の最小化設計）……20
7 電磁波はどのような波か、その電力は ……22
8 波の影響を受けないようにするには回路面積を小さくする ……24

第2章 ノイズ対策の重要性とその考え方

9 IC技術の進歩がEMC性能に大きく影響を与える ……28
10 なぜEMC問題は重要なのか ……30
11 EMCの問題はすべて電子回路から始まる ……32
12 信号のスペクトルの大きさ（波源）からノイズ低減を考える ……34
13 ループが長い回路ほどエネルギー（投入電力）を多く必要とする ……36
14 電圧から電荷、その周りに電界の場、場を小さくするには ……38
15 電流の周りに磁界の場、場を小さくするには ……40
16 エネルギー保存則を適用して放射ノイズを最小にする ……42

第3章 たった三つの電磁気現象からEMCを考える

- 17 波源、伝搬、受信のメカニズムから優先順位を考える ……… 44
- 18 ノイズ対策に必要な三つの電磁気法則 ……… 48
- 19 電界を最小にするには電荷分布を小さな領域にする ……… 50
- 20 伝導電流によって発生する電界Eと磁界Hを最小にする方法 ……… 52
- 21 磁界を最小にするには電圧の変化（電界の変化）を最小にする ……… 54
- 22 ファラデーの電磁誘導の法則はエミッションとイミュニティに大きく関わる ……… 56
- 23 回路ループの外に電流を押し出す力を小さくする方法 ……… 58

第4章 電流の流れに抵抗するインダクタと電流を容易に流すキャパシタ

- 24 EMC性能に大きく影響を与えるインダクタンスL ……… 62
- 25 電流の流れる方向によりインダクタンスは変化する ……… 64
- 26 インダクタとキャパシタは波形が変化している部分のみ作用する ……… 66
- 27 キャパシタは放射ノイズに対しては高速電池、電流が流れるループを小さくする働き ……… 68
- 28 EMC性能を最大に発揮するキャパシタの使い方 ……… 70
- 29 LC共振現象は入力電力が多くなりEMC性能を悪化させる ……… 72
- 30 GNDと筐体（フレーム）とは、ノイズとどのように関わるか ……… 74

第5章 波を送る伝送路のノイズ対策

- 31 伝送路（配線）は電界と磁界の波を閉じ込めて送るためのガイド……78
- 32 配線の L と C がわかれば便利なことが多い……80
- 33 信号は形状が異なるところで反射し、波形に大きく影響する……82
- 34 伝送路に共振（電流最大）が起こると放射ノイズが大きくなる……84
- 35 反射が起こると伝送路がアンテナとなってノイズが放射される……86
- 36 インピーダンスマッチングは広い産業分野で必要、その重要性……88

第6章 コモンモードノイズ源とケーブルのノイズ対策

- 37 プリント基板、ケーブル、ノイズ受信、筐体との関係をよく見る……92
- 38 ケーブルに流れる信号電流から大きなコモンモード電流が発生する……94
- 39 コモンモードノイズを低減する方法とケーブルの選び方……96
- 40 フェライトコアによってコモンモードノイズ電流を低減する……98
- 41 シールドケーブルと同軸ケーブルは放射ノイズと受信ノイズに優れている……100
- 42 シールドの端末処理が悪いと放射ノイズも受信ノイズも多くなる……102

第7章 電子部品、実装、プリント基板レイアウト

- 43 抵抗、インダクタの特性を知って最適な実装をする……106
- 44 キャパシタの特性を知って最適な実装をする……108
- 45 EMC性能を考慮してICを選定する……110

6

第8章 電子機器をアンテナモデルで考える

- 46 電界と磁界を最大に閉じ込めるようーCを実装する ……… 112
- 47 レイアウトは信号ループを最短、プラス電荷とマイナス電荷の結合を最大にする ……… 114
- 48 S／Nの低下を防ぐA／DコンバーターCの最適な実装方法 ……… 116
- 49 スリットによるEMCへの影響を最小にする ……… 118
- 50 通信分野とEMC分野ではアンテナに対する考え方が逆 ……… 122
- 51 電磁波はアンテナからどのようにして放射されるか ……… 124
- 52 電子機器はアンテナモデル、アンテナの放射効率を悪くすればよい ……… 126
- 53 ループアンテナとモノポールアンテナから放射されるノイズの特徴とその低減方法 ……… 128
- 54 アンテナモデルを使ったエミッションとイミュニティへの対策方法 ……… 130

第9章 金属と電波吸収体のシールドメカニズム、シールド性能

- 55 シールドは放射ノイズを遮断するだけでなくコモンモードノイズ源の大きさも低減する ……… 134
- 56 電界波と磁界波のインピーダンスは距離とともに変化する ……… 136
- 57 電磁波源のインピーダンスはシールド性能に影響を与える ……… 138
- 58 金属と電波吸収体によるシールドメカニズムとその違い ……… 140
- 59 反射損失と吸収損失からシールド性能を求める ……… 142

第10章 ノイズの影響を受けないようにするには

- 60 電磁波の影響を少なくするには回路面積を小さくする……146
- 61 電界波の影響を少なくするには長さを短くする……148
- 62 磁界波の影響を少なくするには面積を少なくする……150
- 63 伝導ノイズによる影響を少なくするにはキャパシタンスを最大にする……152
- 64 開口部（すき間）から出入りするノイズを最小にする……154
- 65 静電気ノイズへの対策……156
- 66 ノイズの発生を少なくする技術とノイズの影響を少なく受ける技術は同じ……158

【コラム】
- たくさんある力線という名の力を及ぼす線……26
- 力学と電気の世界における作用と反作用……46
- マイケル・ファラデー（1791-1867）……60
- インダクタとキャパシタに対応する力学的パラメータ……76
- 低い周波数でも反射はいつも起こっている……90
- EMCの基本式は $V = (L \cdot M) \, dI/dt$ である……104
- 部品は力線の吸収箱であるが、理想的なものはない……120
- 波形を正確に測る……132
- モード変換の流れ、ノーマルモードノイズとコモンモードノイズ……144

第1章
EMCは波の世界である
（波源、波の伝わり方、波の影響）

1 ノイズの問題とは波を考えることである

ノイズの問題は電子機器から電力の一部が電磁波となって空間に漏れる（①）、漏れた一部の電流が回路から他の部分に流れ出す（②）。これら漏れた電力が装置に悪影響を及ぼして意図した動作を妨げる。空間にノイズが放射されることをエミッション（EMI）と呼び、ノイズを受けても電子機器が意図した機能を維持することができる能力をイミュニティ（EMS）と呼びます。こうしてエミッションとイミュニティの規格ができ、これらの規格をクリアすれば、他の機器にノイズの影響を与えることが少なく、ノイズの影響を受ける可能性は少なくなると考えられます。ノイズのエミッションとイミュニティの両方を満たすことを電磁環境適合性（EMC：Electric Magnetic Compatibility）があると言います。このエミッションをノイズ源（波を押し出す力となる波源）及び流れるノイズ電流 i のアンテナで表し、イミュニティはノイズを受信するアンテナと信号 V で表すことができま

す。EMCの分野でノイズ放射を少なくするには、波源の力を弱くして、電流 i を少なくする、アンテナの放射効率を最も悪くすることです。一方イミュニティは、受信アンテナの受信感度を最も低くする、ノイズを伝導しにくくする、信号周辺を防御することと言えます。これに対して情報通信では送信アンテナの送信効率を最大に、かつ、アンテナの受信感度を最大にすることでEMCとは全く逆となります。
ここで電磁波とは二つの波からなり一つは電気的に力を及ぼす電界波 E です。もう一つは電界とは性質が異なり磁気的な力を及ぼす磁界波 H です。電磁波はこの二つの波が同時に存在しています。このことから波について基本的なことを知ることが重要となります。

波の性質、EMC分野と情報通信分野ではアンテナの考え方が逆

要点BOX
● EMCのアンテナと情報通信のアンテナの考え方はちょうど逆で、EMCではアンテナの放射効率と受信感度を悪くすることである

ノイズの問題

ノイズ
回路に入力した電力が漏れること
- 空間に漏れる電力（電磁波） ①
- 回路外に漏れる伝導電流 ②

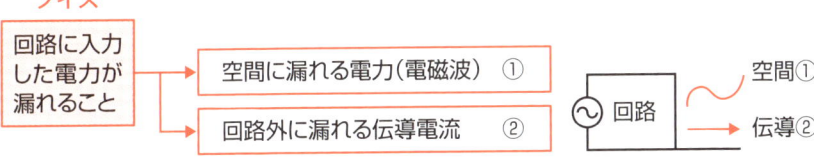

情報通信とEMCのアンテナの考え方の違い

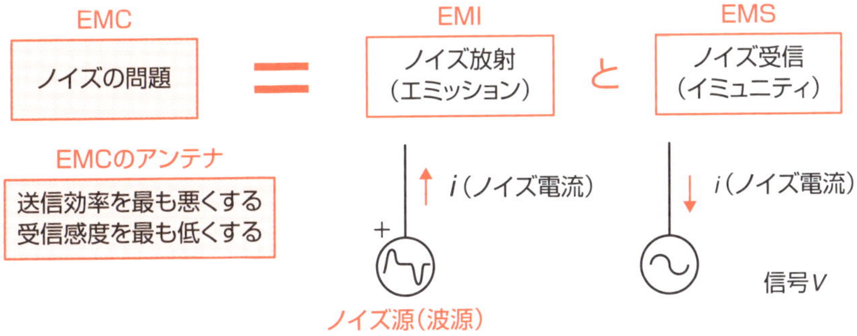

EMC
ノイズの問題 ＝ **EMI** ノイズ放射（エミッション） と **EMS** ノイズ受信（イミュニティ）

EMCのアンテナ
送信効率を最も悪くする
受信感度を最も低くする

- i（ノイズ電流）↑ ノイズ源（波源）
- i（ノイズ電流）↓ 信号 V

情報通信
通信品質 ＝ 送信アンテナ（情報送信） ＋ 受信アンテナ（情報受信）

情報通信のアンテナ
送信効率を最も良く
受信感度を最大に

- ↑i 信号
- ↓i 信号

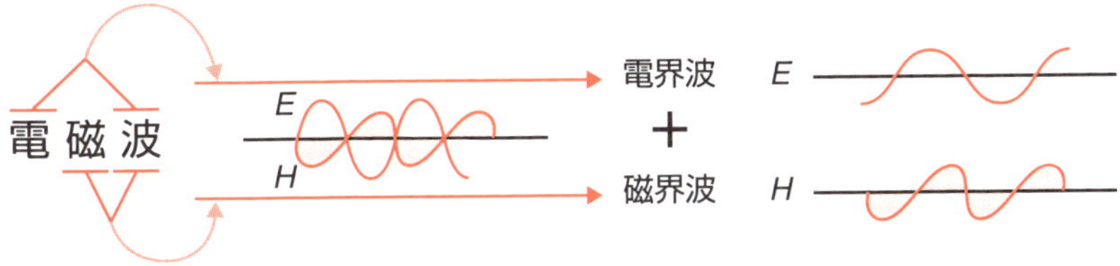

電磁波
- E ──── 電界波 E ────
- H ──── ＋ 磁界波 H ────

2 電界の波も磁界の波も横波である

横波の性質、波の伝搬、波長λと周波数fの関係

波について身近に感じるものに例えば、水面に石を投げると波は同心円状に広がり、波の上に浮かんでいる木の葉に注目すると波の振動が大きい場合は上下に大きく揺れます。木の葉は上下に揺れるだけで波の振動が遠くまで伝わっていきます。波は時間が経つと遠くに伝搬し、ある時間には波の速度で決まる位置に到達します。すなわち波の状態は距離と時間で表すことができます。波には横波と縦波があり、水面を広がっていく波のように進行方向と水面の変化する方向が直交している波を横波と言います。電磁波（電界波と磁界波）も横波です。これに対して人間の声が伝わるような音波は空気の振動方向と波の進む方向が同じもので、波の進む方向（疎の部分と密の部分）と波の進む方向を縦波と言います。今、波が時間 $t=0$ で、ある位置（A点）にいる大きさの波は速度 v で進むため時間が t だけ経過したときには距離が $v \cdot t$ だけ離れたB点の位置に到達します。この波の山から山ま

での時間を周期 T [s] と呼び、逆数が周波数 f で波の山と山との距離 [m] が波長 λ （ラムダ）となります。従って、波長 λ を時間 T で割れば波の進む速度 v が求められ①となり、波の速度 v は周波数 f と波長 λ の積となります。この波長 λ は周波数が高くなるほど、つまり繰り返しが多い波ほど短くなります。これからノイズの問題で扱う周波数は高くなるために、波の時間的な変化も早く、波長が短くなるのが特徴です。また波長 λ を波の角度で表すと360度となり、90度で $\lambda/4$ の長さになります。

この長さに相当する配線があると配線間には最大の振幅の波が現れることになります。高周波では波として扱い、波動と同じく時間と位置で表すことができます。周波数が高くなると波の波長は短くなり、高周波の波が伝搬する回路の長さと比べて無視できない状態が起こり、アンテナに電圧や電流が分布する状況となります。

要点BOX
- 導体の長さと波長λ/4の関係（波の大きさが最大）が重要
- 横波の波長λは速度vと周波数fで決まる

水面の波

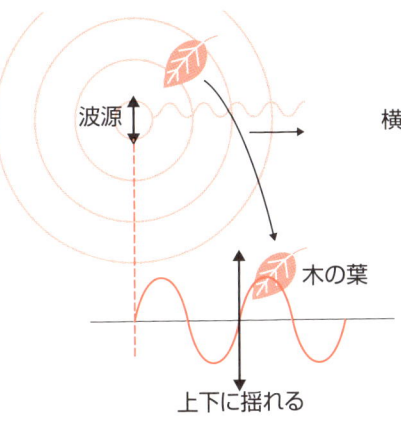

電界の波も磁界の波も横波

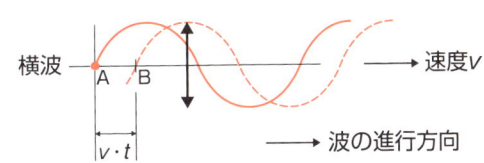

波の速度v、波長λ、周波数fの関係

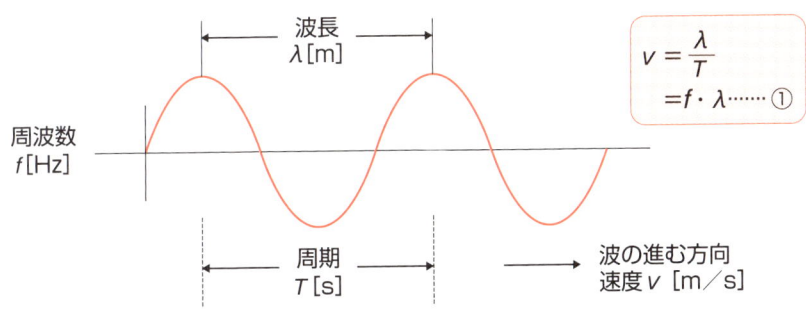

$$v = \frac{\lambda}{T} = f \cdot \lambda \quad \cdots\cdots ①$$

長さに対する波の大きさ

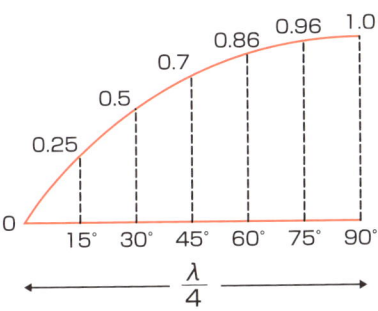

● 第1章　EMCは波の世界である（波源、波の伝わり方、波の影響）

3 波の進む速さは伝搬する媒質の状態によって変わる

媒質の誘電率εと透磁率μによって決まる速度

信号の波（電磁波）が進む速度はどのようにして決まるのであろうか？　空気中やプリント基板で誘電体があり、ノイズ対策でよく使用されるフェライトコアなどは磁性材料なので透磁率を持つ。電磁波がこれらの媒質を進むときに速度が変わることが予想されます。誘電体の特性は誘電率εで表し、空気中の誘電率 ε_0 に対して何倍あるか、その数値を比誘電率 ε_r と呼び、ガラスエポキシ基板の比誘電率 ε_r は4・5から5・0の範囲にあります。磁性体について も誘電体と同じように透磁率μで表し、空気中の透磁率 μ_0 に対して何倍あるか、その数値が比透磁率 μ_r と呼ばれ、信号が誘電率εと透磁率μの媒質を進むときの速度はεとμだけで決まり①式となります。

②式は空気中の速度の項と媒質による係数の項になり、空気中の速度は光の速度 c（$3.0×10^8$ [m/s]）となります。最終的には媒質の係数が残り③式のようになります。

信号の速度は、磁性を持たないとき

は比透磁率 μ_r が1となるので、誘電体の比誘電率 ε_r だけによって決まります。今、仮に ε_r を4・8とおけば、誘電体だけの中を進む信号の速度 v は空気中の速度に比べて $1/\sqrt{4.8}$（$1/2.2$）倍だけ遅くなります。次に、信号の周波数について、10MHz（メガヘルツ）とは1秒間に1000万回振動し、100MHzは1億回振動する波です。周波数50Hzは1秒間に50回振動します。1秒間に50回でも早く感じますが、1000万回なんて想像できないですね。空気中の速度 c と波長λには $c = f・\lambda$ の関係があるので、10MHzの波長は30m、100MHzは3m、1GHzは0・3mとなり、50Hzでは6000kmもあります。これらの周波数の波がプリント基板を伝わると速度が遅くなるので波長はもっと短くなります。EMC分野で使用される周波数は30kHzから3GHzあたりで、波長λで言えば、10kmから10cmまでの非常に広い範囲ということになります。

要点BOX
- ●EMCで扱う電磁波の波長は10cmから10kmの非常に広い範囲となる
- ●媒質によって波の進む速度は遅くなる

波が進む速度vは何によって決まるか

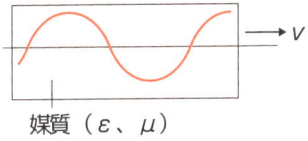
媒質（ε、μ）

$$v = \frac{1}{\sqrt{\varepsilon \cdot \mu}} = \frac{1}{\sqrt{\varepsilon_0 \varepsilon_r \cdot \mu_0 \mu_r}} \quad \text{……❶}$$

$$= \underbrace{\frac{1}{\sqrt{\varepsilon_0 \mu_0}}}_{\text{空気中の速度}c} \cdot \underbrace{\frac{1}{\sqrt{\varepsilon_r \mu_r}}}_{\text{媒質による係数}} \quad \text{……❷}$$

$$= \frac{c}{\sqrt{\varepsilon_r \mu_r}} \quad \text{……❸}$$

$$c = 3.0 \times 10^8 \, [\text{m}/\text{s}]$$

$$\varepsilon_0 = \frac{1}{36\pi} \times 10^{-9} \, [\text{F}/\text{m}], \, \mu_0 = 4\pi \times 10^{-7} \, [\text{H}/\text{m}]$$

周波数fと波長λ

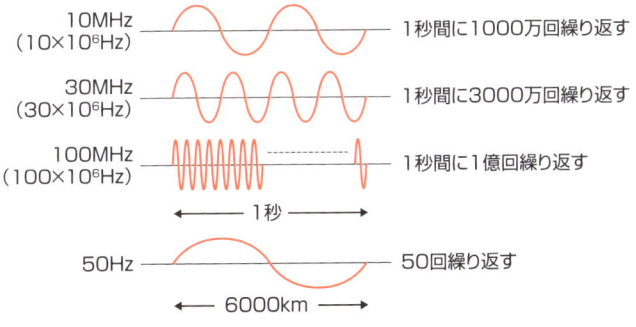

電磁波の分類と周波数（波長）の関係

電磁波の分類	周波数の範囲	波長λ	電磁波の名称	
ELF	3kHz以下	100km以下	長波	
VLF	3kHz〜30kHz	100km〜10km		
LF	30kHz〜300kHz	10km〜1km	中波	
MF	300kHz〜3MHz	1km〜100m	中短波	
HF	3MHz〜30MHz	100m〜10m	短波	
VHF	30MHz〜300MHz	10m〜1m	超短波	FMラジオ
UHF	300MHz〜3GHz	1m〜10cm	極超短波	携帯電話、地上デジタルなど
SHF	3GHz〜30GHz	10cm〜1cm	マイクロ波	
EHF	30GHz〜300GHz	1cm〜1mm	ミリ波	
	300GHz〜3000GHz	1mm〜0.1mm	サブミリ波	

EMCの分野

4 デジタル信号はきれいな波（Sin）の集まりである

デジタル信号の高調波成分、周期波形のフーリエ級数展開

デジタル回路ではLoレベルとHiレベルが繰り返されるクロックが用いられます。このように周期的に繰り返す波形は正弦波（Sin）の波の和で表すことができることを数学者のフーリエという人が発見しました（フーリエ級数）。今、このクロックの理想条件、つまりLoレベルからHiレベルまでの立上り時間とHiレベルからLoレベルまでの立下り時間をゼロ、LoレベルとHiレベルの期間は等しく（duty 50%）、全くリップルがないとします。例としてクロックの周波数を50 MHzとすればクロックと同じ周波数 f_0（基本波という）を基本波の3次高調波150 MHz、5次高調波250 MHzの周波数 $5f_0$、以下奇数倍の高調波の和となり、それぞれの振幅は高調波の次数分の1（$1/n$）と小さくなります。このことからクロックの高調波成分（例：21次高調波であれば振幅は小さくなるが210 MHzの周波数）まで含むことになります。

図のデジタルIC1の出力のA点の50 MHzのクロックはその高調波成分すべてを次のIC2の入力B点まで送り、B点では送られてきた高調波成分をすべて加算した波形となります。もしも高調波成分の中で、波の振幅が変化したり、位相がずれた場合などがあれば合成した波形は送信した波形とは異なります（オシロスコープで観測する波形）。今、第5次高調波までを加算し、第7次高調波以降をカットすると(b)のような波形となり、(a)の波形と比べるとだいぶ元の信号波形に近づき信号の送受信における問題はなくなります。ノイズとして放射される高い周波数成分はカットされているのでノイズ放射では有利となります。

要点BOX
- クロック送信は高調波成分の正弦波の同時送信である
- 高調波の振幅や位相が変化すると波形は変形

デジタル信号はSinの波の集まり

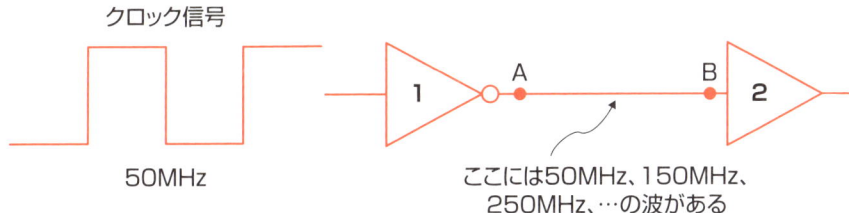

クロック信号 50MHz

ここには50MHz、150MHz、250MHz、…の波がある

クロックはSin波の集まり

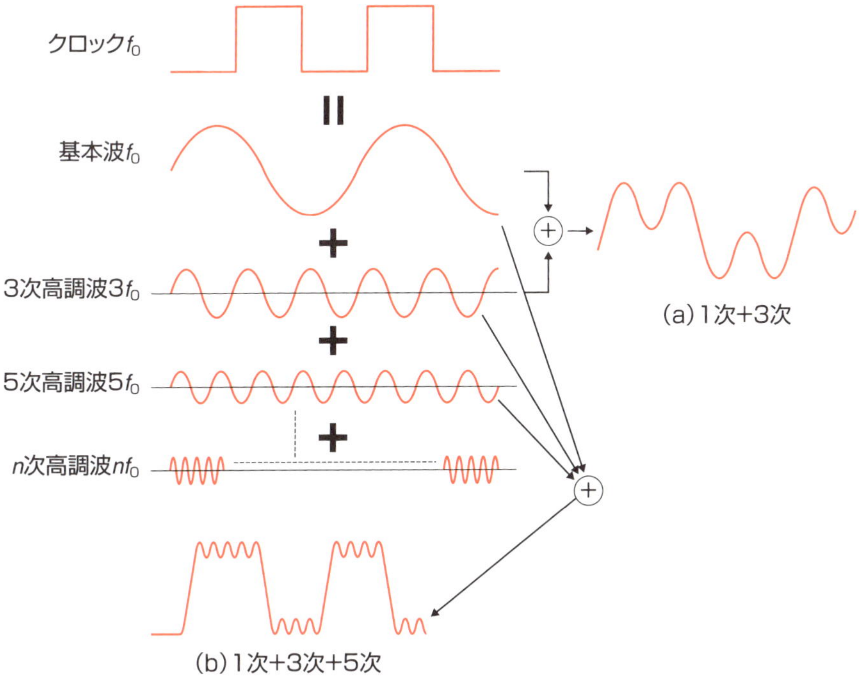

クロック f_0

=

基本波 f_0

+

3次高調波 $3f_0$

+

5次高調波 $5f_0$

+

n次高調波 nf_0

(a) 1次+3次

(b) 1次+3次+5次

5 波源(エネルギー源)の大きさは振幅と変化の速さで決まる(省エネ設計)

波源の大きさは振動の振幅、振動の速さで決まる、省エネ・電力の高密度化設計

水面を手でたたくと波が立ち、遠方へと伝わります。例えば、10cmと30cmの高さから同じ力で水面をたたいたときには経験的に30cmの方が大きな波ができ、遠方に伝わります。次に同じ高さ30cmから手でたたく速度をゆっくりとした場合と速くした場合では速くした方が大きな振幅の波を起こす力(波源)は振幅が大きいほど、振幅の変化の速さが速いほど大きくなります(波のエネルギーは振幅Aと周波数fのそれぞれの2乗に比例)。こうした現象から考えると波を起こす力(波源)は振幅が大きいほど、振幅の変化の速さが速いほど大きくなります(波のエネルギーは振幅Aと周波数fのそれぞれの2乗に比例)。この波を起こす力を電気の分野で考えると回路を動かすため交流や直流の電源に相当し、電源のエネルギーが波によって運ばれることが考えられます。今、1・5ボルト(以下1・5V)の電池を考えると、電池の中の化学物質の反応によって1・5Vの電圧を作り出している。電池が消耗するのは化学反応で作った化学エネルギーが電気や熱エネルギーとして消費

されるためです。電池の1・5Vは電極に対して+の電極の方が1・5Vだけ高い電位(電気的な高さ)にある。このことは+1クーロン[C]の電荷を1・5Vだけ高い電位に運ぶ仕事をすることができる(+1[C]×1・5[V]=1・5ジュール[J]のエネルギー)ということです。電池は電流の流れとなる電位(電圧)が高いほど、波の振幅は大きくなります。電位(電圧)が高いほど、波の振幅は大きくなります。この電池は直流のエネルギー源であるが、回路にはこのエネルギーを供給するためのスイッチ(ONとOFF)があり、Aのように速く切り替わる場合もあり、Bのようにゆっくりと切り替わる場合もあります。この切り替え速度が上記の水面をゆっくりたたくか速くたたくかに相当します。電気の世界でも波形が急激に変化するところは波の振幅が大きくなることが考えられるのでノイズの問題(EMC)では急激に変化するところに注目しなければならない。

要点BOX
- 電源は仕事をすることができるエネルギー源で、電圧が高いほど仕事量が多い
- 波の急激な変化ほど振幅は大きくなる

電圧Vの大きさとスイッチの速さが波の振幅と周波数を決める

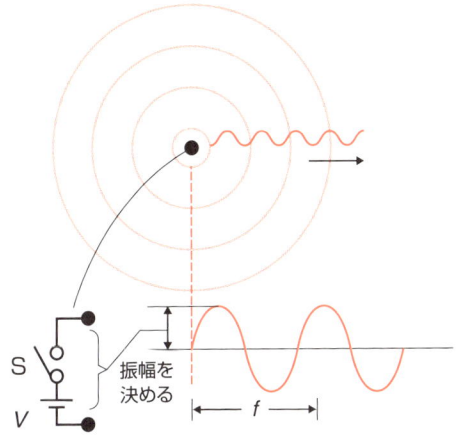

電源はエネルギーである

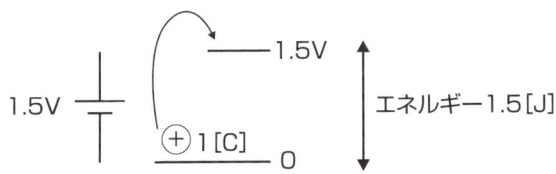

スイッチの速さは波源の大きさを決める

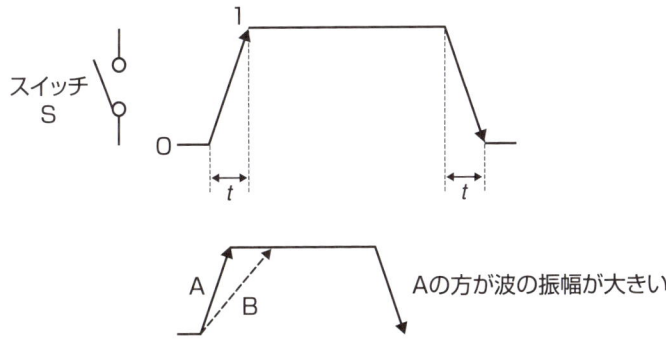

Aの方が波の振幅が大きい

6 波のエネルギーを閉じ込めて伝える方法（漏れ電力の最小化設計）

波を閉じ込めて伝える方法、漏れる量を最小にする

波源のエネルギーは水面A点における振動の大きさとその変化の速さであることがわかりました。電気の世界では電源とスイッチであり、これが波源のエネルギー源となります。今、A点の波の振動のエネルギーを遠く離れたある範囲B点まで運ぶことを考えます。波源から発生した波は同心円状に広がり伝搬します。電磁波も3次元に広がり波源に近いところでは波は球面状となり、遠く離れたB点では海岸の砂浜に打ち寄せる波と同じで平面波（波の位相が直線状）となります。ここでA点の波源のエネルギーを最小のロス（損失）でB点まで送るためにはどのようにしたらよいでしょうか？　そのためには同心円状に広がる波をB点の方向にのみ進むようにしなければなりません。A点からB点までの波の経路の両側に例えばコンクリートや厚い木の板でも金属などの壁を作ればこのガイドは波を閉じ込めるガイドの役割となり、このガイドは波の振幅方向と深さ方向の大きさも考

えなければならない。波が漏れないようなガイドを作ればB点では強烈な波のエネルギーを受け取ることができるであろう。このガイドに穴が開いていたり、ガイドの幅が振幅の変化に対して不十分、ガイドの形が途中で変形している、ガイド幅が広いなどがあると波源のエネルギーは途中で戻ったり、他の部分に漏れたりしてB点に十分なエネルギーを送れないことになります。このガイドに相当するのが電気信号の波を伝える伝送路と呼ばれるものです。電気の世界では波源として電池とスイッチさえあれば電荷の振動によって波を起こすことができます。EMC分野でノイズ放射を最小にするためには、波源のエネルギーを最小にして、波のエネルギーが漏れないようなガイド（漏れ電力ロス最小）を作り、負荷に最大のエネルギーを伝送することが重要であると言えます。

要点BOX
- 波源から波を一方向に閉じ込めて伝搬すれば、漏れる量は最小となる
- ガイド（伝送路）は波が漏れない構造にする

波は同心円状に広がる

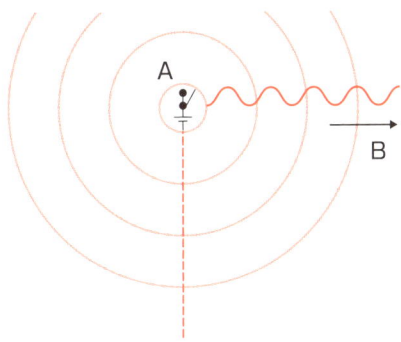

波を一方向に閉じ込めるガイド

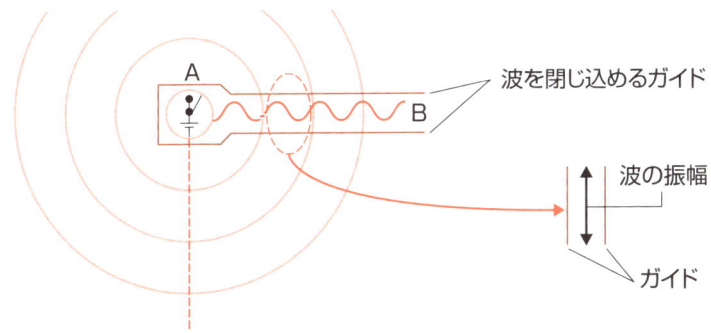

電源とスイッチだけで波（電磁波）は空間に放射

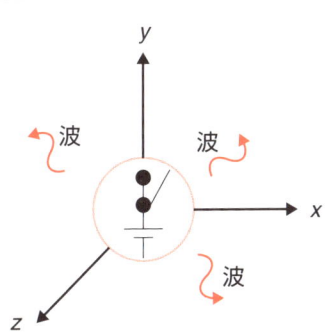

7 電磁波はどのような波か、その電力は

電磁波の電力と進む方向

電磁波は性質の異なる電界 E と磁界 H の二つの波からなり、電界 E の単位が [V／m] で電圧に関係して、磁界 H の単位は [A／m] で電流に関係します。

抵抗 R [Ω] に電圧 V [V] を加えると電流 I [A] が流れ、V＝IR の関係があります。この回路の電圧 V が電界 E の波を、電流 I が磁界 H の波を発生させます。

次にこの電界と磁界の波はどのように結び付いて、どのような方向に進むのか？

電界と磁界の波は同時に発生して、図の例では電界 E の波が x 軸方向に振動し、磁界 H の波が y 方向に振動して電磁波は z 軸方向に空気中を光の速度で進みます。電界の波と磁界の波は直交してそれぞれ時間ごとに大きさと方向をもっているのでベクトルで表すことができ、電磁波の進む方向は電界 E から磁界 H の方向にベクトルを回したときに右ねじの進む方向 P となります。ベクトルの外積の結果はベクトルとなり、直交しているベクトル同士の積の

大きさを知る必要があるときに使用します（例えば、磁界と電子の移動方向や電界と磁界など）。これに対してベクトルの内積の結果はベクトルでなく大きさのみ（スカラー量）で、ベクトルの平行成分の積の大きさを知りたいときに使用します（例えば、力学における運動量や力など）。電磁波 P の大きさは電界と磁界の大きさの積 |E|・|H| [W／m²] で一辺が電界 E の大きさともう一辺が磁界 H の大きさの長方形の面積に等しくなります。これらのことから電界 E を小さくするためには電圧 V を小さくする、回路に流れる電流 I を小さくすればよいことがわかります。一方、この電磁波を受信するときには、ノイズを受信するアンテナの長さ（回路やケーブルなどの長さ）を短くする、ノイズが侵入する面積（回路や開口部など）を限りなく小さくすればよいことがわかります。

要点BOX
- 電圧 V と電界 E、電流 I と磁界 H、回路と電磁波のインピーダンスは対応
- 電磁波の電力は面積（E・H）に比例している

波源となる回路から電磁波

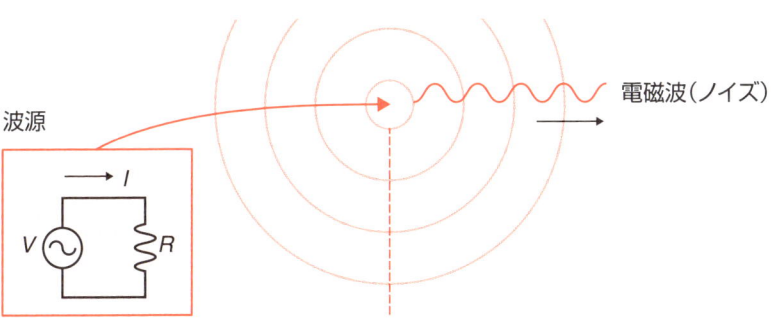

電気回路と電磁波とのつながり

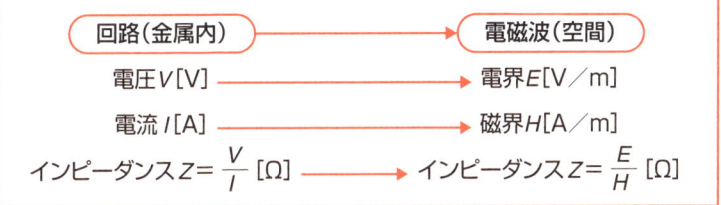

z軸方向に進む電界Eの波と磁界Hの波

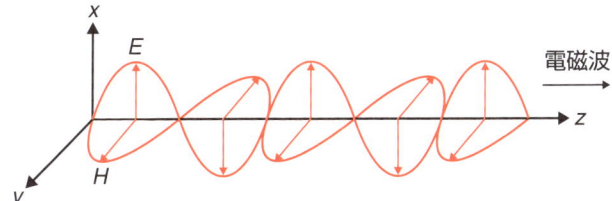

電界と磁界は大きさと方向を持ったベクトル

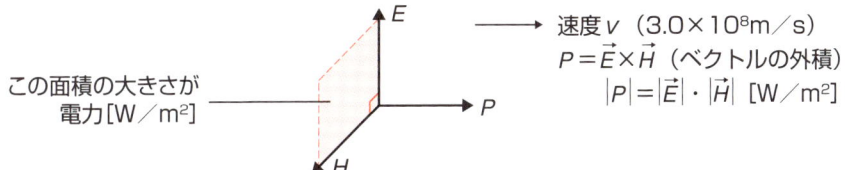

8 波の影響を受けないようにするには回路面積を小さくする

波に対する耐性を上げる、面積を小さく、電力の高密度化設計

波のメカニズムには三つの領域（波源、波の伝搬、波の受信）があり、この波を減衰させるには、一つ目の波源に対してエネルギーを小さくする、二つ目は波のエネルギーを伝搬途中で減衰させる、三つ目の波の受信では受信部を強くする、又は受信部に入る波のエネルギーを小さくする。

次に細長い棒②のようなものでは上下に振動して波の影響を大きく受けてしまうので、波の変化する方向と直交におくと波の影響が小さくなります。小さな面積にすると波のエネルギーを受ける影響は小さくなります。波を受信する形状の他にも、受信部で強烈な波源を作り出すことができれば押し寄せてくる波を押し戻し、そらせることができると考えられます。これには受信回路の電界 E と磁界 H の密度を高くすると強烈な波となってノイズを跳ね返し、回路に侵入しにくくなります。アナログ回路がノイズの影響を受けやすいのは微弱電圧 V と電流 I のために回路のエネルギー密度を高められないからです（デジタル回路は高くできる）。このような現象を宇宙の大きなシステムの中で見ていくと、太陽から太陽風（波）が放射されていて地球に入り込むと重大な現象となることが言われています。これに対して地球は N 極と S 極があり N 極から S 極に強烈な磁場（波）が発生しているために太陽風をそらしているという。

次に伝搬経路の考え方ですが、太陽から有害な紫外線（波）が伝搬し、地球上の人間が浴びると白内障や皮膚がんの可能性があります。この紫外線が伝搬する途中にはオゾン層があり、紫外線を吸収して地球上への影響を少なくしています。このように小さな世界から大きな宇宙まで同じメカニズムが働いていることには驚くばかりです。

例えば、大きな面積の平板①では波の電力を大きな面積で受けてしまう（自然現象も同様）。

要点BOX
- 受信回路のエネルギーを強くして外から侵入する波を押し戻す、そらす
- 回路の長さが短い、面積が小さいことは重要

ノイズの影響を少なくするための考え方

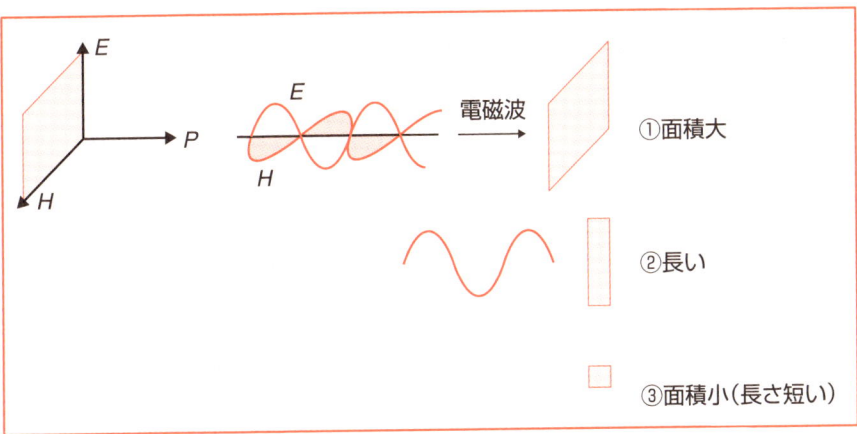

受信部のエネルギー密度を大きくしてそらす

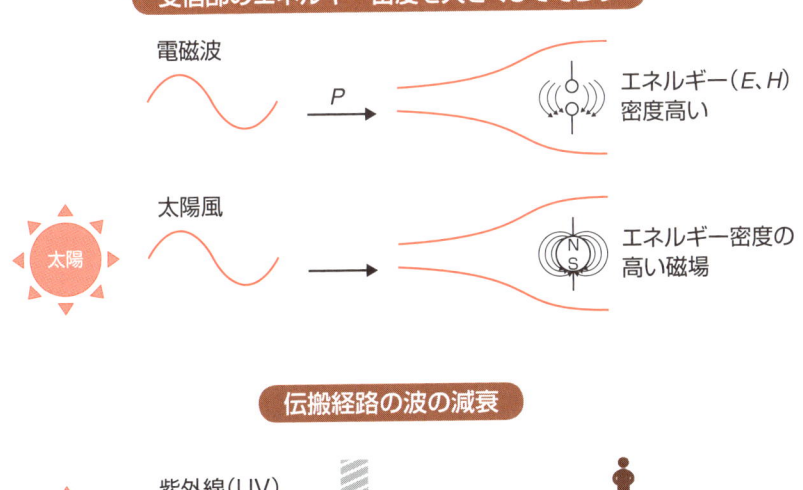

伝搬経路の波の減衰

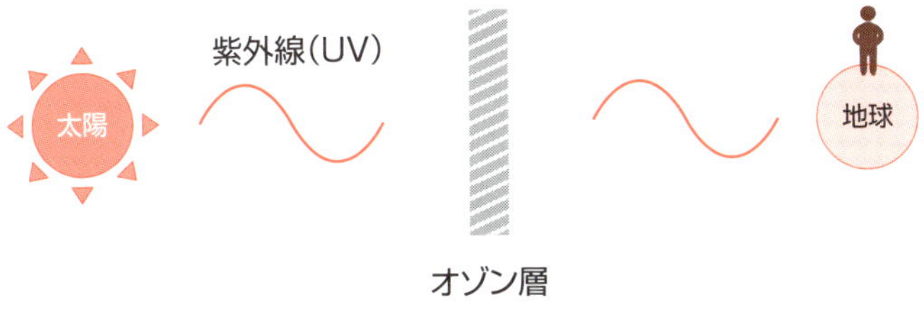

Column
たくさんある力線という名の力を及ぼす線

自然現象には源から力を及ぼす力線が発生していて、対象物に影響を及ぼす物理現象が多い。電荷から発生する電気的に力を及ぼす電気力線(ファラデーが名づけた)があり(この束を電束)、この電気力線の密度によってその場の強さが異なり、この場の強さを電場(電界)といい(Field)を電場(電界)という。同じように電流の周りには磁気的に力を及ぼす磁力線が発生し(この束を磁束)、この磁力線の密度によって場の強さが異なる。この場を磁場(磁界)という。

光源から発生して明るさを与える光線があり(この束を光束)、光線の密度によってその場の明るさ(照度)が変化します。熱源から発生され暖かさを与える熱線があります。また光線には赤外領域の赤外線や太陽や特定の光源から発生する紫外領域の紫外線などがあります。 放射性物質(原子力発電所などで使用)から放射される放射線、放射線量が多いほど照射量(単位がシーベルト)が多くさまざまな影響を与える。医療分野のX線など他多数あります。

電磁波では電界 E の単位体積あたりのエネルギー密度は $(1/2)\varepsilon E^2$ [J]、磁界 H のエネルギー密度は $(1/2)\mu H^2$ [J] である。波の場合のエネルギーは振幅の2乗に比例します。

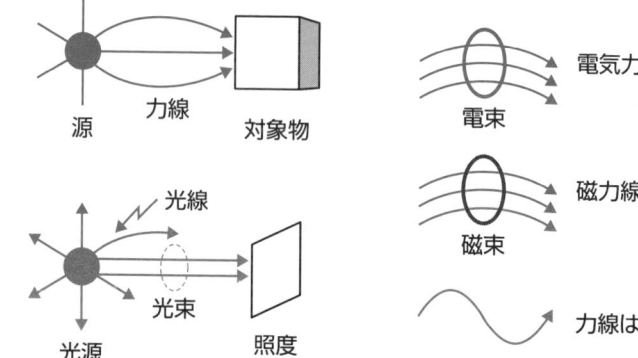

源　力線　対象物

光線　光源　光束　照度

電束　電気力線

磁束　磁力線

力線は波のように

第2章 ノイズ対策の重要性とその考え方

●第2章　ノイズ対策の重要性とその考え方

9 IC技術の進歩がEMC性能に大きく影響を与える

ICの大規模化、高周波化、クロックの立上り（立下り）時間の変化

ICはPチャンネルのMOSトランジスタとNチャンネルのMOSトランジスタからなる基本回路①で、スイッチ回路②で置き換えることができます。ドライバーICはこの基本回路が並列に接続されて電流を多く流せるようにしています。半導体が開発される以前は機械的な接点を持ったリレーでスイッチが行われ、その電圧も半導体と比べると高く（例：12V）、スイッチする周波数も低く、外部からのノイズによる影響も少なかった。半導体技術の進歩によってICの動作電圧は低く、クロック周波数が高くなり、信号の立上り、立下り時間が短くなってきている。このためクロックのエネルギーが大きく、放射ノイズも多くなり、また外部からのノイズに対しても誤動作や故障など影響を受けやすくなっている。またクロックの立上り時間は、スイッチの変化の速さでこれまでに述べたように波源の大きさ（入力電力）となります。

ここで1［V］の電源は1C［クーロン］の電荷を図のように1［V］だけ高い電位のところに電荷を移動する仕事が1［J］であると定義されています。1［V］の電源はV［J］だけの仕事をすることができるエネルギーを持ち、電荷を移動させて電流Iを流すことができるポンプのような働きをします。スイッチSが入ると電圧Vによって電荷Qに力（電界）が加えられ電荷が移動します。このとき電荷に与えたエネルギーUは電荷量Qと電圧Vの大きさの積Q・V［J］となります。図のようにスイッチを入れる時間tが短いほど、②式のように回路に入力される電力Pは大きくなります。次にクロックの周波数が高くなることは、一定時間に電荷に与える電力の回数が多くなることで、電子回路に投入される電力が大きくなります。この投入された電力のうち空間に漏れたのがノイズ電力で、ノイズの問題（エミッションEMI）となります。

要点BOX
●クロックの高速化は回路に投入される電力を大きくする、ノイズ放射を少なくするには空間への漏れ電力を少なくする

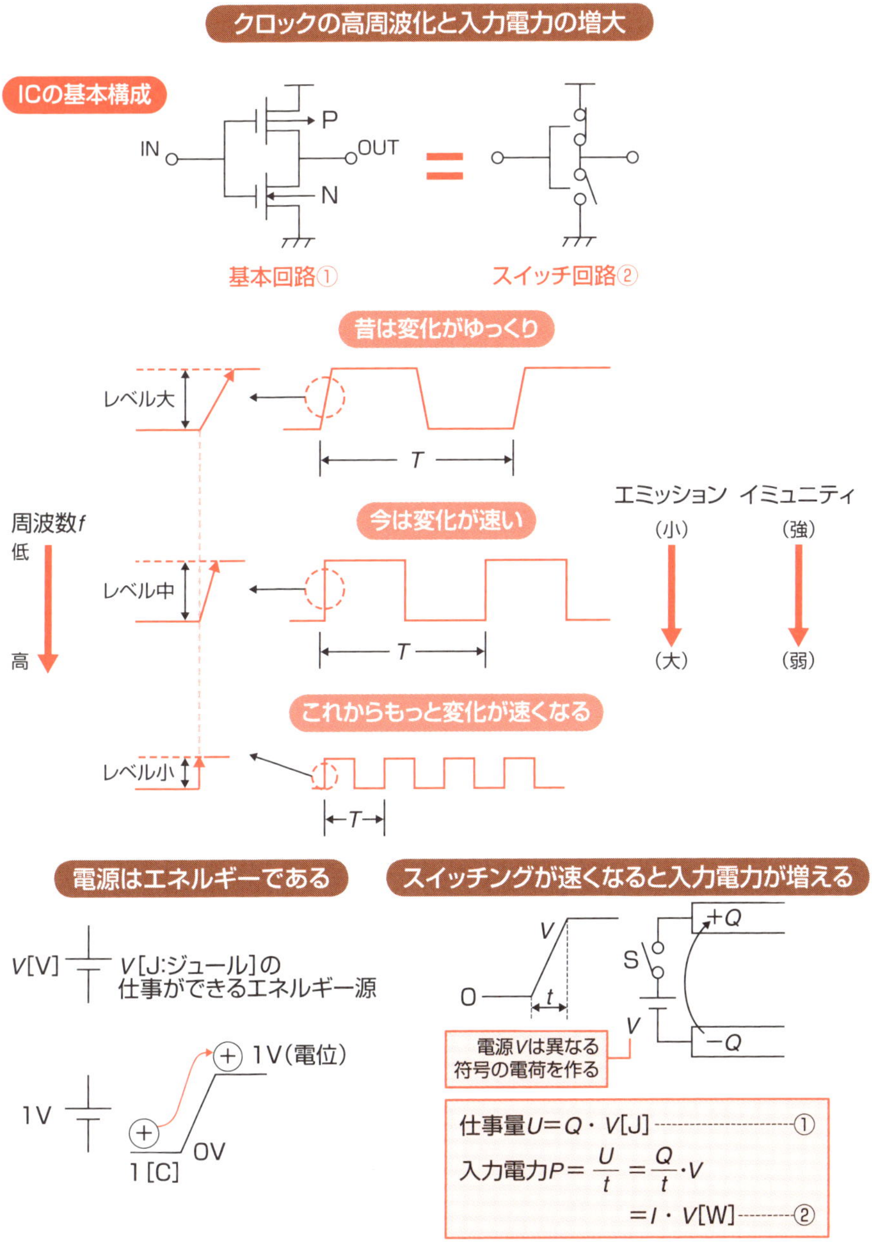

クロックの高周波化と入力電力の増大

ICの基本構成

基本回路①　　　スイッチ回路②

昔は変化がゆっくり

レベル大　　　T

今は変化が速い

レベル中　　　T

周波数 f
低 → 高

エミッション（小）→（大）
イミュニティ（強）→（弱）

これからもっと変化が速くなる

レベル小　　　T

電源はエネルギーである

V[V]　V[J:ジュール]の仕事ができるエネルギー源

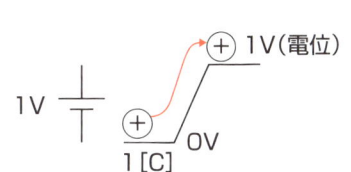

スイッチングが速くなると入力電力が増える

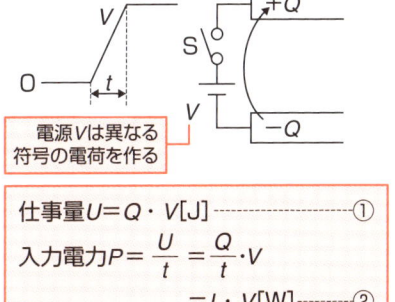

電源Vは異なる符号の電荷を作る

仕事量 $U = Q \cdot V$ [J] ……①

入力電力 $P = \dfrac{U}{t} = \dfrac{Q}{t} \cdot V$

$\qquad\qquad = I \cdot V$ [W] ……②

10 なぜEMC問題は重要なのか

通信妨害（ノイズ放射）、電子機器誤動作による安全性能への影響

電子機器からノイズが放射され通信の電波に混入すると受信アンテナはノイズを受信してしまい受信機ではノイズ障害が発生します。また一般家庭の通信線に電子機器からの周波数が混入して通信妨害を与えることになります。次に電子機器では通信のためのケーブルや電源ケーブルからAC電源系統に流れ出したノイズによって他の電子機器に悪影響を与える可能性があります。一方、電子機器が受けるノイズには他の電子機器から放射される電磁界波のノイズ①、また電子機器が使用されている環境の近くで落雷などがあった場合（雷サージ②）、電子機器に接続された他の機器の電源レベルが変動すると例えば、負荷変動による電源電圧の変動、電気的ファーストトランジェント③のような負荷変動（チャタリング）、また静電気を帯びた人やモノが触れたときに電子機器には静電気ノイズ⑤が流れることや、AC電源系統で短時間

の停電や電圧低下の現象④などのノイズによって電子機器への悪影響が生じます。ここで電子機器から放射されるノイズを規定レベル以下に規制することによって他の電子機器に悪影響を与えないようにする必要があり、このための規制がEMIです。一方、電子機器が置かれる環境はますます厳しくなりさまざまなノイズに曝される可能性があるため、上記①から⑤などを想定したイミュニティ試験（基準）が規定されています。この二つの基準をクリアすれば電子機器が他の機器にノイズ障害を与えない。他の機器や環境からノイズを受けても電子機器が意図した機能・性能を発揮することができます。今後は技術進歩によって電子回路からのノイズは増大する方向となり、ノイズの影響をより受けやすい環境となります。そのためEMCに関する技術がますます必要となります。

要点BOX
- 電磁環境両立性はエミッション規制とイミュニティ規制のクリアが必要
- 電子機器が曝されるノイズ環境は増々厳しい

通信の妨害

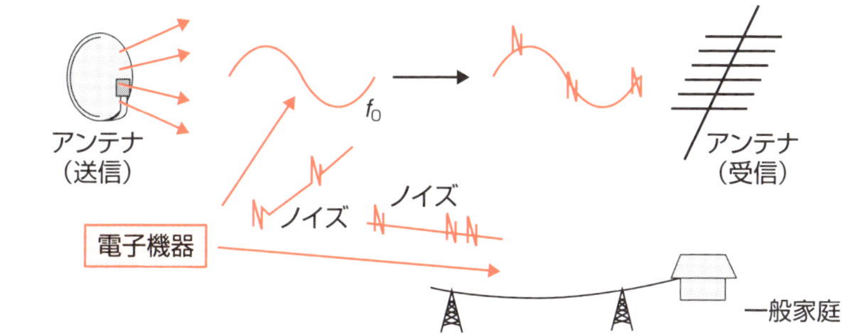

電磁環境両立性（要求される機能）

放射ノイズと伝導ノイズ ----- エミッション

電子機器が受けるノイズ ----- イミュニティ

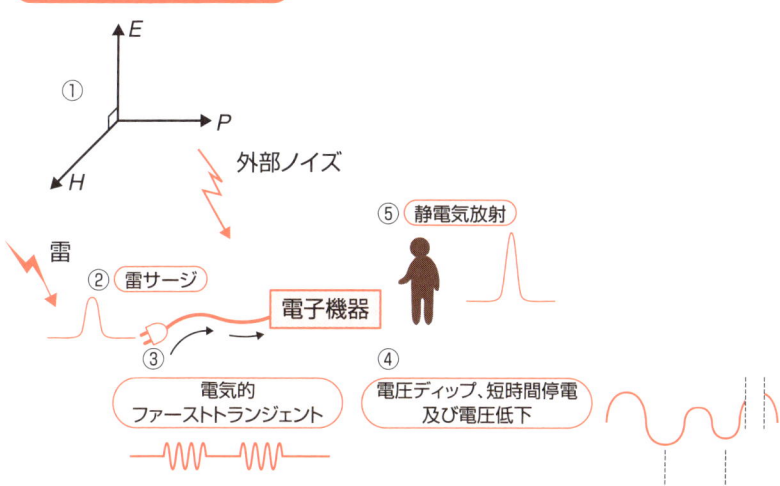

11 EMCの問題はすべて電子回路から始まる

電源Vとスイッチ S 及び配線（a、b）、及び負荷 Z からなる簡単な回路において、配線には単位長さあたりの抵抗成分 R とインダクタンス成分 L があり、対向した配線間には、キャパシタンス C が存在します。電源 V はエネルギー源で信号の立上りのタイミングで電力を投入します。抵抗 R は電流 I を流しにくくする。それに逆らう電圧が I・R で電気エネルギーを熱エネルギーに変えます。EMCの分野では抵抗を使い適度に熱エネルギーに変換することが必要です。次にインダクタに電流 I が流れると電流の時間的変化 dI／dt とインダクタンス L の積に等しい逆起電力 v（抵抗する力∴流れる電流を押し戻す力）が発生します。この力が大きいほど、電流の時間的変化が速いほど大きくなります。部品のインダクタは磁力線を内部にぎっしり詰めることができる箱のようなもので回路に挿入すると流れる電流によって生じる磁力線を回路に閉じ込めることが

できるので、ノイズ電流による磁力線の放射を少なくすることができます。配線間に存在するキャパシタ C は、キャパシタ間に印加される電圧の時間的変化 dv／dt に対して、この変化を容易に受け入れるように働き、流れる電流 I（変位電流）はキャパシタンス C と電圧の時間的変化量 dv／dt の積となります。電圧の時間的変化が大きいほどたくさんの電流が流れるので放射ノイズは多くなります。部品のキャパシタは電気力線（電界）を内部にぎっしり詰め込むことができる箱で、配線間に挿入すると空間の電気力線を集めることができるため、ノイズによる電気力線を少なくすることができます。難しいことはキャパシタにはインダクタンス成分が、インダクタンスにはキャパシタ成分が入ってしまい、理想状態から外れることです。

> **要点BOX**
> ●部品のインダクタは磁力線を集中して集め、キャパシタ C は電気力線を集中して集める

> EMIとは電子回路から電力が漏れること、ノイズ受信は信号以外の電力を受け取ることである

すべては電子回路から始まる

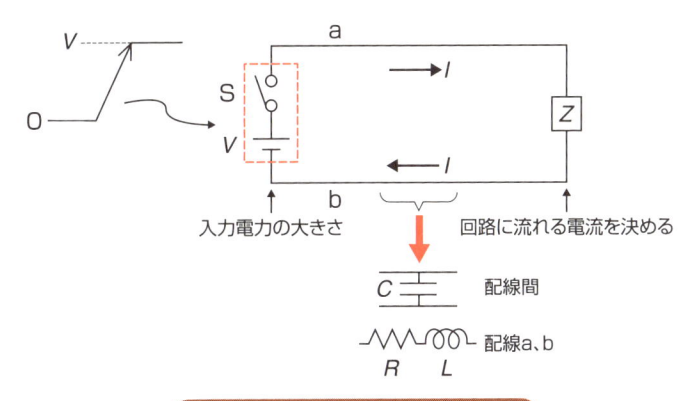

↑ 入力電力の大きさ
→ 回路に流れる電流を決める

- 配線間: C
- 配線a、b: R L

抵抗は電流の流れを妨げる

$$V = IR$$

この力 V で熱が発生する

インダクタは時間的に変化する電流の流れを妨げる

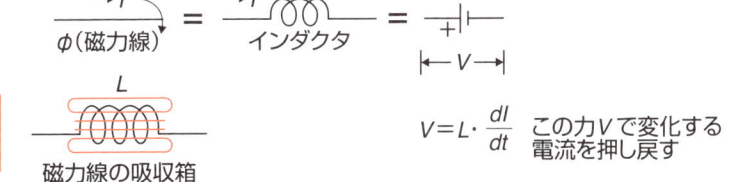

ϕ（磁力線） = インダクタ L

部品のインダクタ

磁力線の吸収箱

$$V = L \cdot \frac{dI}{dt}$$

この力 V で変化する電流を押し戻す

キャパシタは時間的に変化する電圧に対する電流の流しやすさ

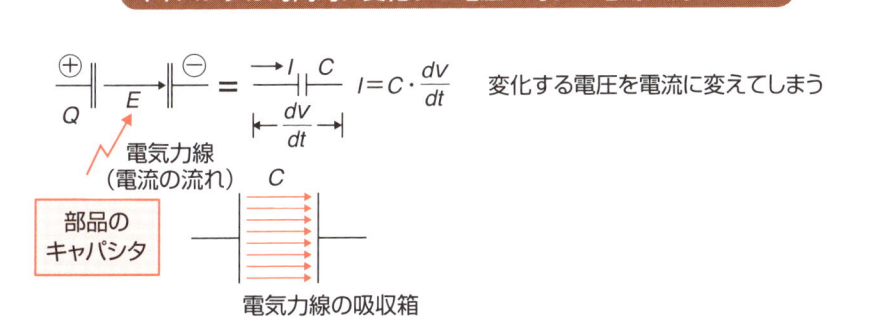

Q, E 電気力線（電流の流れ）

$$I = C \cdot \frac{dV}{dt}$$

変化する電圧を電流に変えてしまう

部品のキャパシタ

電気力線の吸収箱

12 信号のスペクトルの大きさ(波源)からノイズ低減を考える

クロック信号は周期 T、パルス幅 P、振幅 A、立上り時間 τ(振幅 A の10％から90％)と立下り時間を持った台形波となります。50MHzの台形波を回路に印加することは基本波の50MHzと高調波のレベルを合成加えることであり、負荷では高調波のレベルを合成しています。今、台形波のスペクトルを示すと②の周波数で振幅が① $2A(P/T)$ となります。基本波 f_c で振幅が $(2/\pi)A$ となります。a点からb点までは周波数が2倍になるごとに6dB低下するカーブとなり(周波数が10倍になると20dB減衰)、b点12dB低下(大幅減衰)となります。この台形波のスペクトルから振幅のレベルを小さくするために多くの方法が考えられます。まずスペクトルの大きさ①に着目すると、信号の振幅 A を小さくする、周期 T を大きくする、duty比である P を小さくする、周期 T を大き

く(信号周波数を低く)することが考えられます。次に周波数軸に着目すると、③の周波数 f_b 以上は急激に振幅が低下するので、この周波数をもっと低い周波数領域に持ってくるためには台形波の立上り時間 τ を大きくする(波形をなまらせる)方法があります。その他にも、ある周波数以上(例えば、第5次高調波)の高調波をカットするようなフィルタを信号回路に挿入することによって高調波のスペクトルを低減することができます。またバンドパスフィルタなどを用いて特定の周波数のみ正弦波で伝送することができれば高調波成分がなくなり理想的です。例として、周期20ns、振幅5V、立上り時間2ns、50MHzの台形波のスペクトルの大きさを求めると、基本波50MHzの正弦波の電圧振幅 $(2/\pi)A$ は約3・2Vとなり、立上り時間 τ に相当する折れ点周波数 f_b は160MHzでその大きさは約1Vとなります。

信号のスペクトルはフーリエ級数によって展開

要点BOX
●スペクトルの大きさを低減すると放射ノイズは低減できる。正弦波も特殊な例
●波形の立上り(立下り)時間に着目する

デジタルクロックとそのスペクトル

台形パルス

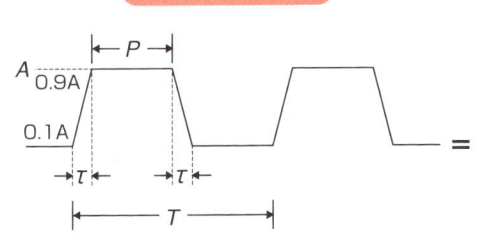

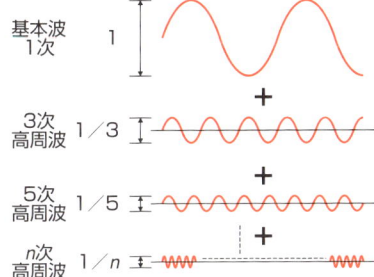

台形パルスのスペクトル

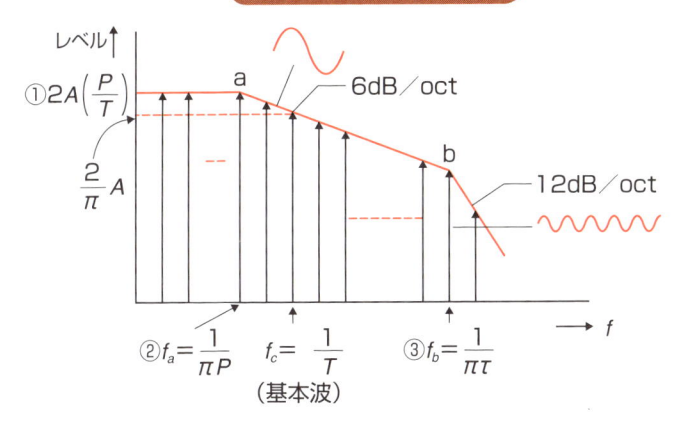

① $2A\left(\dfrac{P}{T}\right)$

$\dfrac{2}{\pi}A$

6dB／oct

12dB／oct

② $f_a = \dfrac{1}{\pi P}$　　$f_c = \dfrac{1}{T}$（基本波）　　③ $f_b = \dfrac{1}{\pi \tau}$

50MHz台形パルス（デューティ50％）

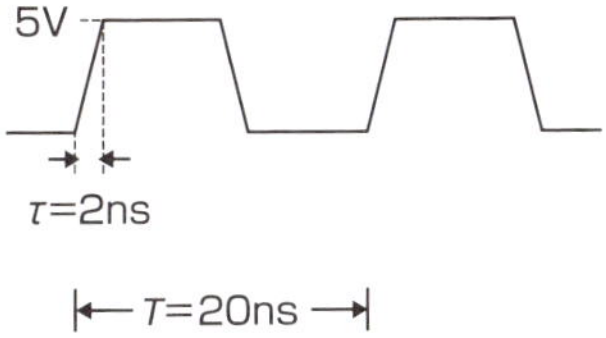

5V、τ=2ns、T=20ns

50MHz台形パルスのスペクトル

$\dfrac{2}{\pi}A$(3.18)

50MHz（Sin波）

$f_b = \dfrac{1}{\pi \tau}$（160MHz）

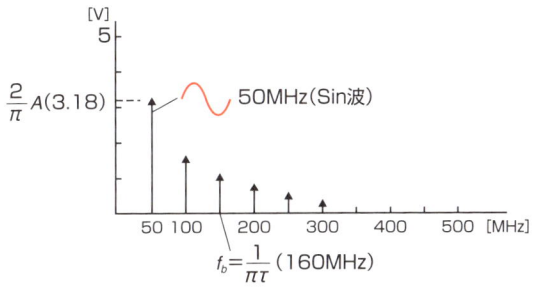

13 ループが長い回路ほどエネルギー（投入電力）を多く必要とする

信号源 V と配線、負荷 Z、回路に流れる電流を i としてループの長い回路の配線をインダクタ 10 個分で表すと(a)となり、それぞれのインダクタンス L には電流の流れを妨げる方向に逆起電力 V_L が発生します。一方、信号源 V は信号の立上り時に負荷 Z に一定振幅の信号レベルを供給するため、インダクタがないときに比べて 10 個分の起電力に相当するレベルの電圧を余分に加えなければならない。次に回路のループの長さを短くしてインダクタンスが 2 個分になったとすれば、この 2 個分に相当する電圧を供給することになります。次にループの長い回路のキャパシタンス C を 3 個とすれば、信号は負荷 Z まで進むのに 3 個のキャパシタを充電して進む。配線が長いほどキャパシタ数は多くなるので信号は多くの電流を流さなければならない。これに対してループの短い回路では 1 個のキャパシタンスを充電すればよい分で電流は少なくて済みます。これらのことからループが長い回路ほど入力電力が大きくなるので外部に漏れる電力も大きくなることが予想されます。

電気回路のインダクタンス L は力学における質量 m（力を加えたときの動きにくさ）に相当します。従ってループが長い回路では入力の電圧 V も回路に投入される電流 i も瞬間的に（信号の変化時）大きくなります。ここで入力電力 P_i と負荷に供給される電力（一定）P_Z を考えると、途中の回路で消費される電力は二つ考えられます。一つは抵抗成分による熱（ジュール熱）となる電力と、もう一つは回路から空間に放射された電力です。ノイズの問題は投入された電力と空間に漏れることなので、投入される電力が多いほど外部空間に放射されるノイズは多くなります。従って、放射ノイズを小さくするためには回路ループを小さくすることが必要となります。

要点BOX
● ループの長い回路は L と C が多くなるので投入電力は大きくなり EMC 性能が悪くなる

ループの長い回路はインダクタンスが大きい

ループの長い回路

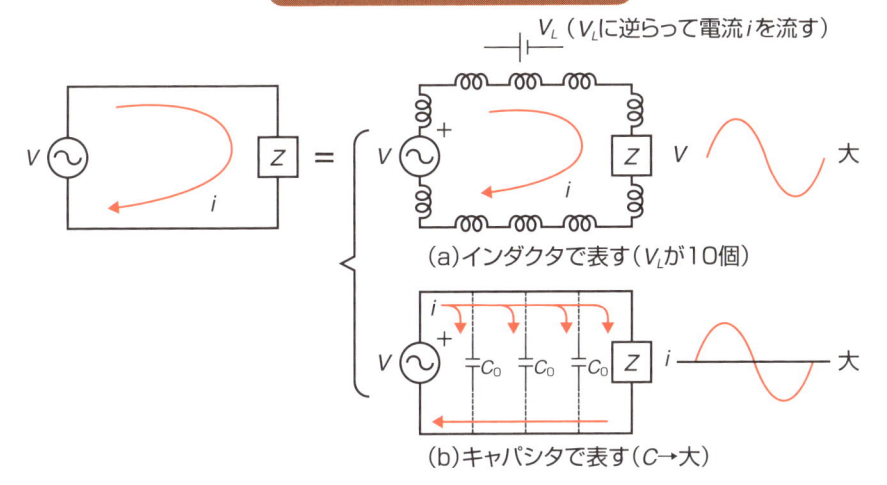

V_L（V_Lに逆らって電流iを流す）

(a) インダクタで表す（V_Lが10個）

(b) キャパシタで表す（C→大）

ループの短い回路

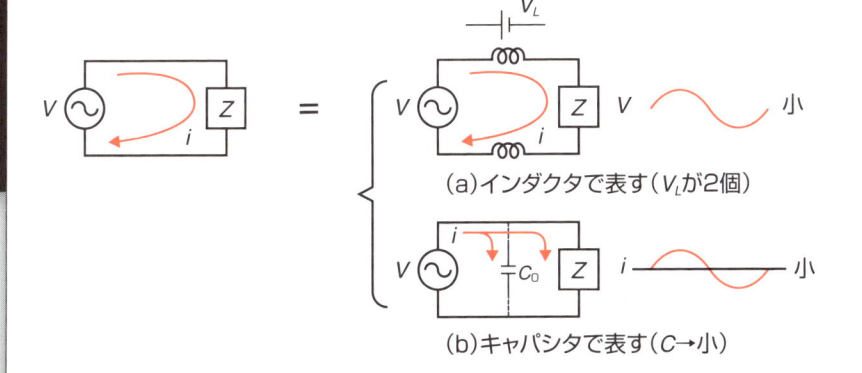

(a) インダクタで表す（V_Lが2個）

(b) キャパシタで表す（C→小）

入力電力が多くなると放射ノイズは多くなる

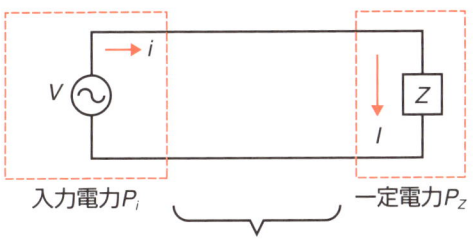

入力電力P_i　一定電力P_Z

回路内で消費した電力と放射した電力

14 電圧から電荷、その周りに電界の場、場を小さくするには

電荷と電界の関係、キャパシタンス C

プラス Q [C] の電荷から電気力線（電気的に力を及ぼす線）は発散し、電気力線の密度が高いところは電界が大きく、この中に電荷 q [C] をおくと電気力線の方向に力 f を受けます。

プラスとマイナスの電荷が同時に存在するときには、電気力線はプラスの電荷からマイナスの電荷に向かいます。電気力線も光線を凸レンズで収束させて明るい場を作り出せるのと同じように、近くではよい影響を受ける？）、誘電率が大きい媒質ほど多くの電気力線を集めることができます。

異符号の電荷が離れているとき、P点で二つの電界のベクトルを合成すると図のようになります。ここで電荷を近づけるとプラスの電荷からの電界とマイナス電荷からの電界が逆方向となり合成された電界 E は非常に小さくなります。一方、同符号の電荷が離れて存在するときのP点の電界の大きさは電荷同士を近づけるほど合成された電界のベクトルは大きくなります。キャパシタンスに電圧 V を印加すると蓄積された電荷量 Q [C] は加えた電圧 V に比例する。この比例定数をキャパシタンス C [F：ファラッド] と呼び、$Q = CV$ の関係があり、電荷の蓄積能力（電気力線を集める能力）を示しています。キャパシタンス C が大きくなるほど電界はキャパシタ間に蓄えられ、外部の電界は少なくなります。受信したノイズについては内部の電界密度が高くなり外部ノイズは侵入できずそらしてしまう。キャパシタンス ①式 は電極間の物質と電極の形状（面積と距離）によって決まり、誘電率 ε、対向する面積 S が大きいほど、距離 d が小さいほど大きな値となります（内部に電界が集中）。電源・GNDプレーンのように面積 S が大きく、極板の距離が短いほどの電極間に閉じ込められる電界は多くなり（②式）放射ノイズは少なくなります。

要点BOX
- プラスの電荷とマイナスの電荷を近づけると空間の電界は小さくなる
- プラス電荷同士は離すと電界は小さくなる

電荷の周りには電気的な場（電界）ができる

⊕電荷から電気力線は発散する

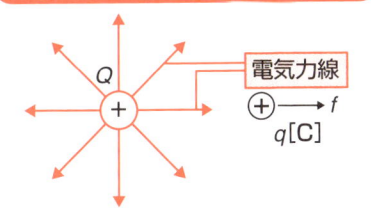

⊖電荷に電気力線は向かう

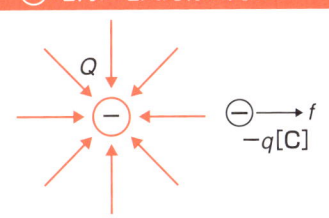

二つの電荷があるときの場（電界）の大きさ

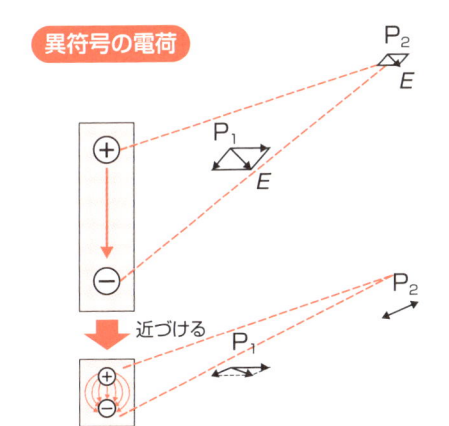

異符号の電荷

同符号の電荷

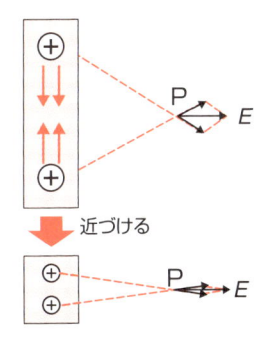

近づける

キャパシタンスの定義

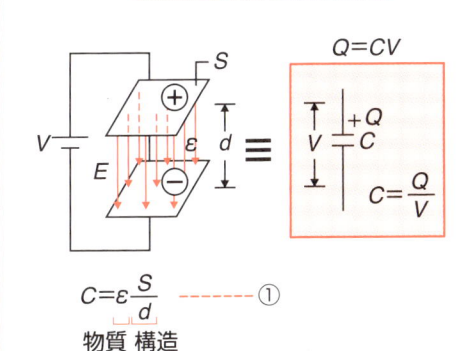

$Q = CV$

$C = \dfrac{Q}{V}$

$C = \varepsilon \dfrac{S}{d}$ ……①

物質　構造

理想キャパシタでは内部の電気力線は増える

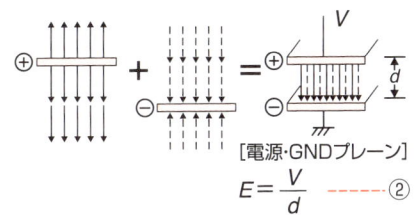

[電源・GNDプレーン]

$E = \dfrac{V}{d}$ ……②

15 電流の周りに磁界の場、場を小さくするには

磁界 H については、電流 I の方向に対して垂直な面で右ねじを回した方向に磁力線（磁界）が発生し、この関係はアンペールの法則によって①式となり、磁界 H は電流 I に比例し、距離 r に反比例する。これは半径 r に沿って円周上で磁界 H を加算するとそれは内部の電流 I に等しいということです。これより磁界を少なくするには電流 I を少なくすればよい。

1本の配線に電流が流れた場合は、磁界を低減することが難しいが電子回路では信号を送る配線とリターンする配線（GND）では電流の方向が逆となり好都合です。今、図のように回路ループの配線1に電流 I が流れ、リターンに等しい電流 I が流れると、回路外のP点の磁界の大きさは配線1に流れる電流 I によって発生する磁界 H_1（紙面裏から表に向かう方向で配線1からP点までの距離）と、配線2に向かう方向で配線1からP点へリターンする電流 I によって生じる磁界 H_2（紙面表から裏に向かう方向で大きさは配線2からP点

までの距離）を合成したものです。このため配線1と配線2を近づけて（距離をほぼ同じ）外部のP点の磁界 H を最小にすることができます。一方、回路内部では磁界がともに紙面表から紙面裏に向かい同じ方向となり強くなります。このことは外部の磁界成分が打ち消され回路内部に磁界が高密度で閉じ込められたことになります。キャパシタンスと同じように幅 w で面積 S をもった配線が距離 d だけ離れているときに、配線間に電圧 V を印加して電流 I が流れたとすれば、それぞれ上下の配線に流れる電流に対してアンペールの法則を適用して磁界を求めると配線の外側の磁界をすべて加算すると内部の電流（I と $-I$ の逆方向）がゼロになります。従って、このように幅が広く、極板間の距離が短いと外部に生じる磁界が最小となります。また配線内部の磁界は②式のように単独の配線で生じる磁界の2倍となります。

要点BOX
- 逆方向に流れる電流を近づけると外部磁界はキャンセルされ、内部に集中する

電流と磁界の関係、電流が逆方向に流れると磁界は少なくなる

電流の周りには磁気的に力を及ぼす場（磁界H）ができる

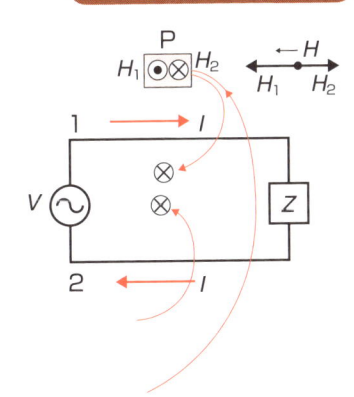

電流と磁力線（磁界H）の関係

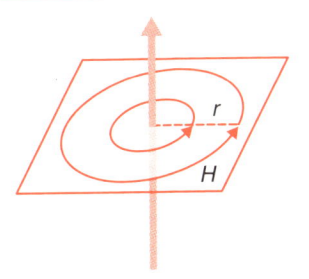

アンペールの法則

$H \cdot 2\pi r = I$

$H = \dfrac{I}{2\pi r}$ ……①

回路ループの外の磁界H

理想的な磁界

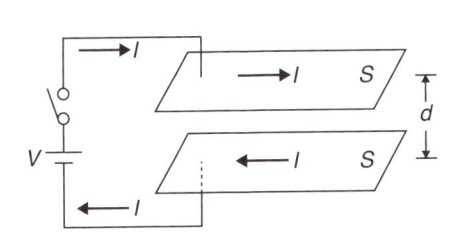

アンペールの法則を適用

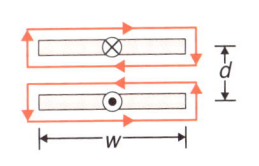

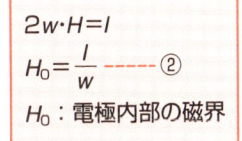

$2w \cdot H = I$

$H_0 = \dfrac{I}{w}$ ……②

H_0：電極内部の磁界

16 エネルギー保存則を適用して放射ノイズを最小にする

入力電力が電磁波によって負荷まで運ばれるメカニズム

電子回路に加えられた電力は負荷までどのようにして運ばれるのであろうか？　今、幅w、距離dの平行平板に信号Vを印加し、電流Iがリターンすれば電界Eは電圧Vを距離dで割って(1)式となり、磁界についてアンペールの法則を使うと、平板間内部の磁界は(2)式となります。投入電力Pは電圧Vと電流Iの積なので(1)、(2)式から(3)式となり、入力された電力Pは平板間の面積($w×d$)に電界Eと磁界Hとなって空間に蓄えられ、伝搬されることを意味しています。次にエネルギー保存の法則を用いて放射ノイズを少なくする方法を考えることにします。今、電源VとスイッチS、配線(例…3m)、及びLEDの回路でスイッチSを閉じると回路に電流が流れると同時にLEDは点灯します。これを電源投入時3mの配線を電子が移動して点灯すると考えると、電子が1秒間に進む距離を電流1[A]のとき1cmと仮定すると3mの長さのLEDま

で電子が到達すには300秒もかかってしまいます。この考え方に無理があることがわかります。LEDがスイッチオンと同時に点灯するのは投入電力が電磁波によってLEDまで光の速度で運ばれるからです。

今、回路に投入する電力をP_{in}、抵抗Rで熱となる電力をP_h、回路の配線間に閉じ込められる電磁波の電力をP_z(これが負荷に運ばれる真の電力)、外部空間に漏れる電磁波の電力をP_aとすれば(4)式が成り立ちます。これよりノイズ電力P_Nを最小にするためには回路への投入電力P_{in}①を最小にする。そのためには電圧V、電流Iを小さくする、電圧の立上り時間や立下り時間を遅くする方法などがあります。次に抵抗で消費される電力P_h②を最大にするためには、抵抗Rや、フィルタを挿入して信号電流の高調波成分を熱に変換する。負荷に伝搬される電力P_z③を最大にするためには、配線間に電界と磁界を閉じ込めなければならない。

要点BOX
● 放射ノイズ(漏れ電力)の最小化は、入力電力の最小化、熱損失の最大化、電磁波の閉じ込めの最大化である

電磁波が入力電力をランプまで運ぶ

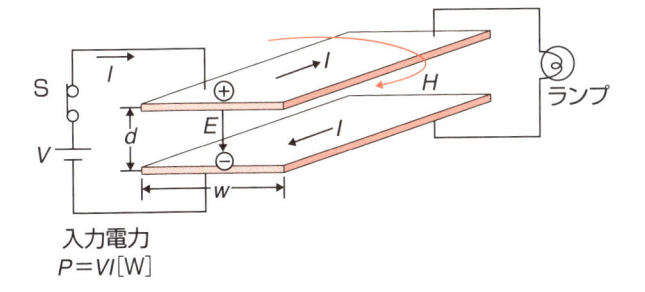

入力電力
$P = VI$ [W]

電界 E と磁界 H は電極間に閉じ込められる

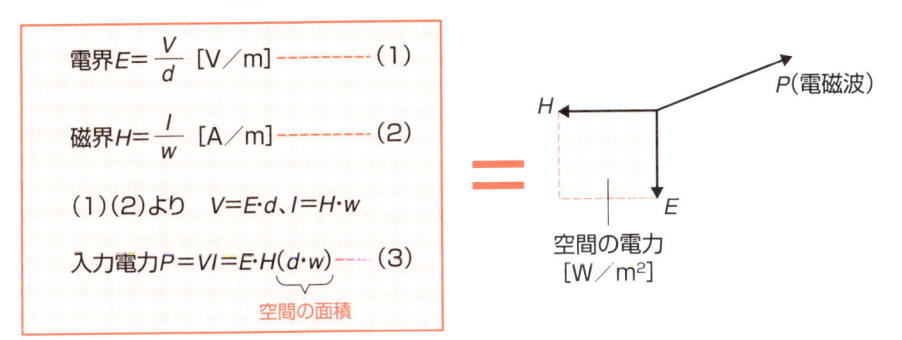

電界 $E = \dfrac{V}{d}$ [V/m] ……(1)

磁界 $H = \dfrac{I}{w}$ [A/m] ……(2)

(1)(2)より $V = E \cdot d$, $I = H \cdot w$

入力電力 $P = VI = E \cdot H \underbrace{(d \cdot w)}_{\text{空間の面積}}$ ……(3)

P（電磁波）

空間の電力 [W/m²]

回路にエネルギー保存則を適用

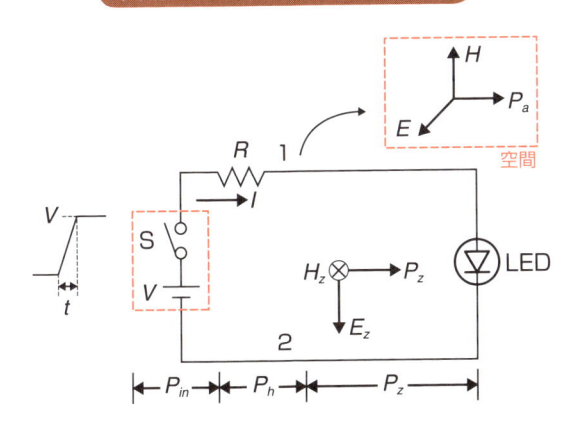

空間

回路から放射されるノイズ

$P_{in} = P_h + P_z + P_a$ ……(4)

$P_a = \underbrace{P_{in}}_{①} - \underbrace{P_h}_{②} - \underbrace{P_z}_{③}$

P_{in}：入力電力
P_h：熱損失
P_z：回路内部空間に
　　閉じ込められた
　　電力（負荷に供給される）
P_a：空間に放射される電力

17 波源、伝搬、受信のメカニズムから優先順位を考える

ノイズに関する三つの要素、波源、伝搬、受信

ノイズに関して①ノイズ源があり、このノイズ源から直接に空間に放射される漏れ電力P_1があり、②ノイズが空間及び金属内を伝導する経路があり、この経路から空間に放射される電力P_2があり、伝導及び放射ノイズを受信する回路③の三つの要素が相互に関連します。これより設計及びノイズ対策の優先順位はノイズ源①の電力を最小（省エネ設計）にして空間への漏れ電力と伝導する漏れ電流を最小（高密度化設計）にすることです。ノイズ源は、周波数fが高い、パルスの立上りと立下り時間が短い、電圧Vが長い配線、ループ面積が大きい配線となります。伝搬経路②ではノイズ源①から押し出されたコモンモードノイズ電流を伝導しにくくすることと放射を最小にする方法を考えます。そのためには伝搬経路の信号線とそのリターン（GND）、電源ラインとそのリターン（GND）間の距離は最小（相互インダ

クタンスMが最大）する、そうした上でコモンモードノイズ電流に対してインピーダンスを高めるためのコモンモードフィルタやフェライトコア（例：ケーブルにフェライトコア）などを挿入します。最後にノイズエネルギーの影響を受ける回路③を強化する方法は、放射ノイズと伝導したコモンモードノイズ電流を回路内部に侵入させないようにする。そのためには回路入力部のインピーダンスを高くする、回路の面積を小さくする、回路をシールドして保護するなどがあります。①から③までの要素を考えると、③の回路が誤動作、故障するなど弱い場合は、ノイズ源①から伝搬してくるノイズが多いため、外部に放射されるノイズの量も大きいと言えます。

要点BOX
- ●ノイズを最小にするための優先順位はノイズ源、伝搬路、ノイズ受信部の順
- ●EMC性能は電界と磁界を閉じ込める構造

ノイズ源・伝搬・ノイズ受信のメカニズム

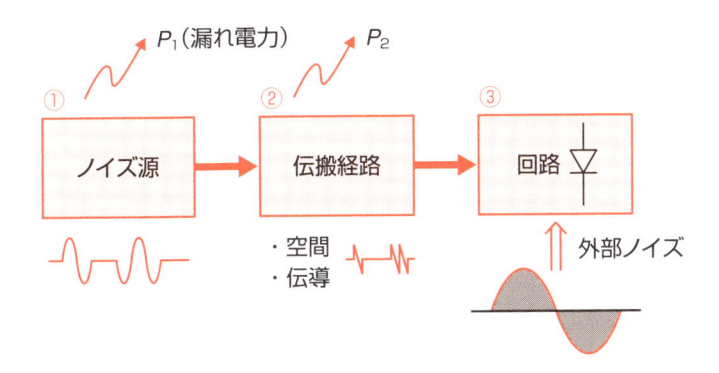

① ノイズ源 → P_1（漏れ電力）
② 伝搬経路 → P_2
③ 回路

・空間
・伝導

↑ 外部ノイズ

優先順位

① ノイズ源のエネルギーを小さくする
② エネルギー伝搬しにくくする
③ ノイズの影響を受ける回路を強くする

ノイズ源は回路とその配線構造

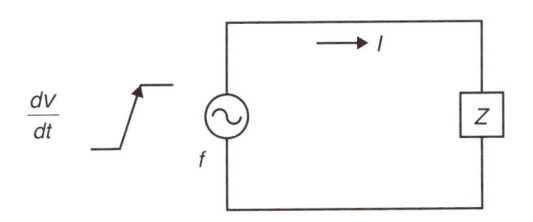

$\dfrac{dV}{dt}$

- 周波数 f が高い、電圧変化 $\dfrac{dv}{dt}$ が大きい、電流変化 $\dfrac{di}{dt}$ が大きい、負荷 Z が小さい
- 回路の配線構造—回路の長さ、回路ループ面積

Column

力学と電気の世界における作用と反作用

物理の法則では作用と等しい反作用が生じる。これは日常経験でも確認することができ、例えば、壁を押すと壁から同じ力を受ける。ロケットの噴射もエンジンからの地面への噴射が作用で、地面から押される反作用の力で空中に打ち上げられる。

電気の世界においても電源（電池）があり、これにスイッチが入ると電荷に力を及ぼ（クーロン力）して電流を流そうとするが、この電流の流れを妨げる力が回路ループの中に発生する。これがインダクタンスによる反作用である。

しかしながら電気の世界ではこの反作用の力を弱めないと大きな入力エネルギーが必要となってしまう。

今、人が質量 m [kg] の物体に力 f を与えて動かそうとすると、その物体は速度 v で動き出す。

ここで同じ力をゆっくり加える場合と、急激に加える場合とを考えると、急激に加えたほうが物体はより速い速度で動き出します。これによって質量 m の物体は運動量 mv を得てある距離 L まで移動します。当然ながら急激に力を加えたほうがこの移動距離 L は長くなります。加えた力 f と移動距離 L の積 $f \cdot L$ が仕事による力学的なエネルギー [J：ジュール] となります。このことから急激な変化量は大きなエネルギーとなります。電気の世界でも同じことが起こります。変化の速い電圧や電流の変化は大きなエネルギーとなります。世の中の急激な変化、緩やかな変化、会社での急激な変化、緩やかな変化、いずれにしても急激な変化ほど反作用が大きくなるのではと思います。

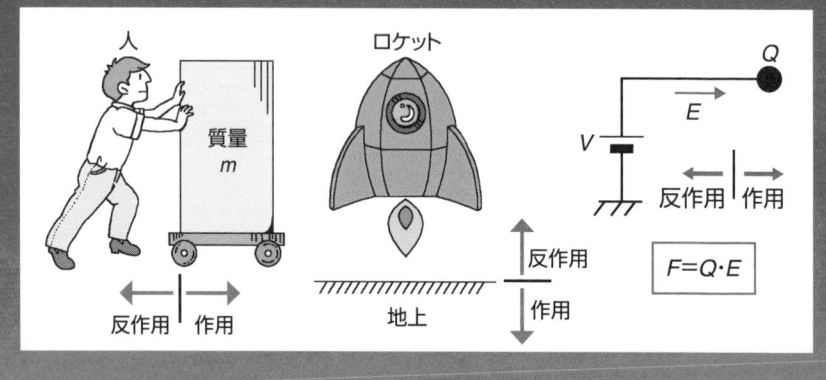

第3章

たった三つの電磁気現象からEMCを考える

18 ノイズ対策に必要な三つの電磁気法則

マクスウェルの方程式、ノイズ対策には三つの法則が関係する

電磁気学におけるガウスの法則、アンペールの法則、ファラデーの電磁誘導の法則、磁気に関する法則の四つの現象をマクスウェルが方程式にまとめました。

一つ目は電荷と電界の関係を示すガウスの法則です。今、小さな領域に電荷が密度ρ[C/m³]で分布していると、電荷から電気力線（電界 E）が球面状に湧き出し（ベクトル記号でdiv（ダイバージェンス））、電界 E の合計は①のようになります。次はアンペールの法則で電流が流れるとその周辺には右ねじの円周方向に磁界 H が発生します。②式の記号 J は変位電流も含めて電流密度で単位は[A/m²]で記号rotは回転を表しています。

このことは電流密度 J があるところではその周りの円周方向に磁界 H の渦（回転）ができることを示し、電流密度が大きいほど周辺の磁界 H は大きくなります。次にファラデーの電磁誘導の法則は磁界 H が時間的に変化すると変化の方向とは逆方向に電界

E の渦（回転）ができるので③式のようになります。電界 E は単位長さあたりの電圧なので電界 E が回転する円周の長さによって、（長さ×電界）の電圧が発生します。このファラデーの電磁誘導の法則を用いた応用例は非常に広く、身近なものでは、電子機器で使用するトランス、駅の改札時に使用するカード、モーターや発電機など。EMCの分野においても回路に流れる電流によって発生する磁界が自分の回路の面積を貫くことによって発生する電界 E（電圧）による逆起電力の発生（これがリターンする電流を押し戻す働きをするコモンモードノイズ源となる）。またイミュニティでは回路内に外部から時間的に変化する磁界が侵入すると、回路には電界 E の回転ができ、これがノイズ電圧となります。最後に磁力線は電界のように発散しないので閉じているので④式のようになります。

要点BOX
●電荷と電界、電流と磁界の相互関係、コモンモードノイズ源、ノイズ受信には電磁気学の基本法則が必要

マクスウエルの方程式のイメージ図

電荷があると電界が発生（ガウスの法則）

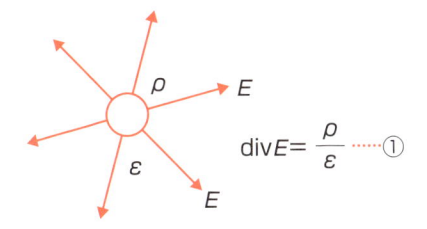

$$\text{div}E = \frac{\rho}{\varepsilon} \quad \cdots \text{①}$$

電流が流れると磁界が発生（アンペールの法則）

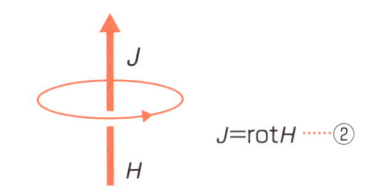

$$J = \text{rot}H \quad \cdots \text{②}$$

磁界の時間的変化が電界を誘導する（ファラデーの電磁誘導の法則）

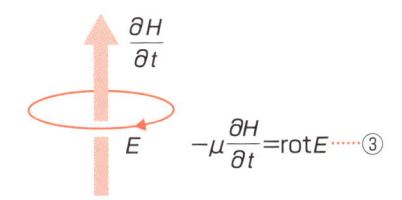

$$-\mu\frac{\partial H}{\partial t} = \text{rot}E \quad \cdots \text{③}$$

磁力線はループを描く（磁力線は閉じる）

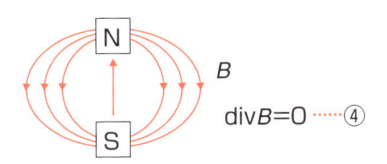

$$\text{div}B = 0 \quad \cdots \text{④}$$

19 電界を最小にするには電荷分布を小さな領域にする

点状、線状、面状の電荷分布と電界の関係

ガウスの法則は導体内の電荷 Q と空間の電界 E との関係を表したもので、狭い領域に分布する電荷 Q から距離 r の球面上の電界 E を求めるには、球面上の電界 E を表面積 $4\pi r^2$ で足し合わせるとそれは内部の電荷 Q に等しくなることより(1)式が得られます。

電界 E は、右辺の①項から電荷量を少なく、項から電荷周辺の媒質の誘電率 ε が大きいほど、項から距離を離す(2乗のため急激に減衰)ほど小さくなります。次に電荷が長さ L の導体に線密度 ρ で均等に分布しているときは、線の端は無視してガウスの法則を適用すると半径 r の円筒状の表面積上 ($2\pi rL$) の電界 E をすべて加算したものが内部の電荷に等しいことより(2)式が得られ、電界 E は電線密度 ρ に比例し、距離 r に反比例します。(1)式と比べて電界は距離が離れても減衰しにくくなります。電界を少なくするためには線電荷密度を小さくする、電荷が分布する長さを短くすることが必要です。配線が長い、長いケーブルなどがこのケースに相当します。次に電荷がある面積 S に面電荷密度 σ で均等に分布したときには、電界が面の上下等しく発生するとして、面積 S の領域にガウスの法則を用いると片面では(3)式となります。特徴は電界 E が距離に関係なく、広い領域に電荷を分布させると電界が減衰しないということです。これは面積 S の中に一様に同じ明るさの LED を敷き詰めたとき、LEDからの光が減衰しないで遠方まで届くことと同じ状況です。電界 E を小さくするには面電荷密度 σ を小さくする、電荷分布の面積を広げないよう Q を小さくする、電荷分布の面積を広げないようにする。これはプリント基板でノイズに相当する電荷が GND や電源パターンを通して広い範囲に広がった状況と同じなので同種の電荷を広い範囲に広げないよう注意しなければならない。

要点BOX
● 電荷の分布は小さな領域ほど電界は少なく、線状分布ではアンテナ、面状分布では強烈な電界となる

電荷の分布状況により電気力線(電界)は変化する

(a) 電荷が点状(小さな領域)に分布

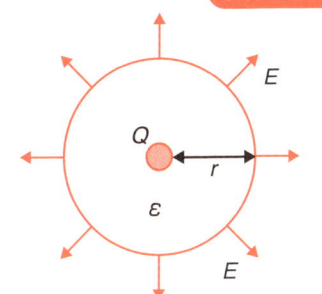

電気力線の密度(εE)×球の表面積$(4\pi r^2)=Q$

$$E=\underbrace{Q}_{①}\cdot\underbrace{\frac{1}{\varepsilon}}_{②}\cdot\underbrace{\frac{1}{4\pi r^2}}_{③} \quad \cdots\cdots (1)$$

(b) 電荷が線状に分布

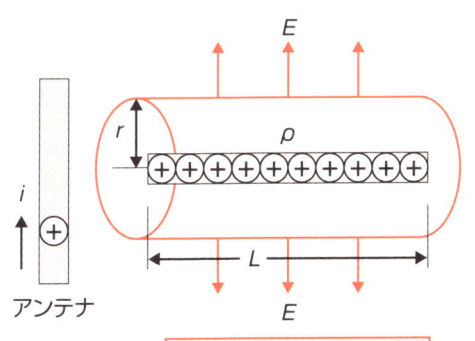

εE×円柱の表面積
$(2\pi r\times L)=\rho\cdot L(=Q)$

$$E=\rho\cdot\frac{1}{\varepsilon}\cdot\frac{1}{2\pi r} \quad \cdots\cdots (2)$$

アンテナ

ρ：線電荷密度[C／m]

(c) 電荷が面状に分布

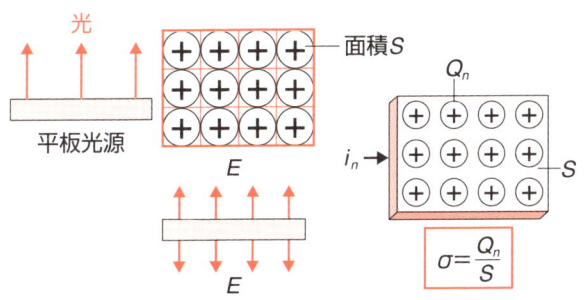

光

平板光源

面積S

$\sigma=\dfrac{Q_n}{S}$

εE×面積$S=\sigma\cdot S(=Q)$

$$E=\sigma\cdot\frac{1}{\varepsilon} \quad \cdots\cdots (3)$$

σ：面電荷密度[C／m²]

20 伝導電流によって発生する電界Eと磁界Hを最小にする方法

今、断面積S、長さℓ、抵抗率ρ（逆数が電気伝導度σ）の形状を持った金属に電圧Vを印加すると電流Iが流れるのでオームの法則（$V=IR$）を書き換えると、抵抗Rは$R=\rho \cdot \ell / S$となり、電圧Vを長さℓで割ったものが電界E、電流Iを断面積Sで割ったものが電流密度$J [A/m^2]$なので、金属内部に発生する電界Eは(1)式のようになり電流密度Jに比例します。このことは抵抗率ρの金属に電流密度Jの電流が流れると長さℓの金属には電流Eが発生するということです。このように変形するとどのような形状のプリント基板やGNDパターンなどにもオームの法則を適用することができます。例えば、電流iが流れる方向に対して幅w、長さℓのGNDパターンとすれば、電流密度Jは電流iを断面積w（厚みを1とする）で割ったもので、電圧Vは電界Eと長さℓの積になります。GNDパターンに流れる伝導電流iによって発生する電圧Vを小さくするためには抵抗率ρの小さい金属を使用する、電流iを少なくする、電流が流れる方向の幅wを広くする、電流が流れる方向の長さℓを短くすればよいことになります。実際に幅wが10cm、厚み18μ、銅箔の抵抗率ρが1.7 [$\mu \Omega \cdot cm$]、長さℓが15cmのGNDプレーンに10mAのノイズ電流が流れたときにGNDプレーンに10mAのノイズ電流が流れる方向にGNDプレーンの断面積で割って電流密度Jは555.5 [mA/cm^2] となり、それぞれの値を(2)式に代入して計算すると発生する電界Eは0.94 [$\mu V/cm$] となります。これより長さ15cmのプレーン間に発生するノイズ電圧V_nは電界に長さを掛けて14.1μVとなります。このことは15cmで電圧の傾きが14.1μVあるということです。

オームの法則を電界Eと電流密度Jを用いて表す

要点BOX
●オームの法則は抵抗（抵抗率ρ）の金属に電流（電流密度J）が流れると電圧（電界E）が発生すると置き換えることができる

伝導電流によって発生する電界 E を求める

オームの法則

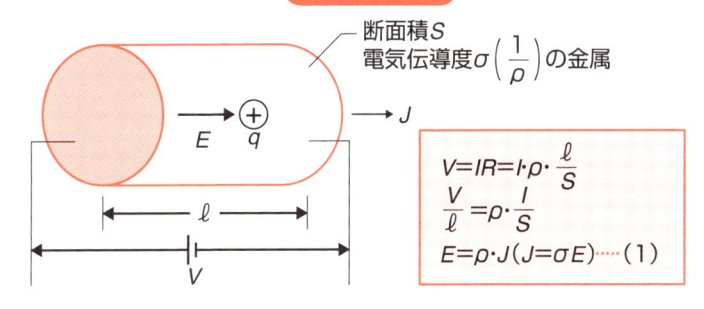

断面積 S
電気伝導度 $\sigma\left(\dfrac{1}{\rho}\right)$ の金属

$$V = IR = I \cdot \rho \cdot \dfrac{\ell}{S}$$
$$\dfrac{V}{\ell} = \rho \cdot \dfrac{I}{S}$$
$$E = \rho \cdot J \quad (J = \sigma E) \quad \cdots\cdots (1)$$

伝導電流によって発生する電圧

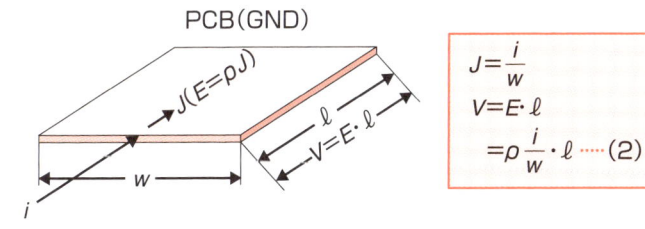

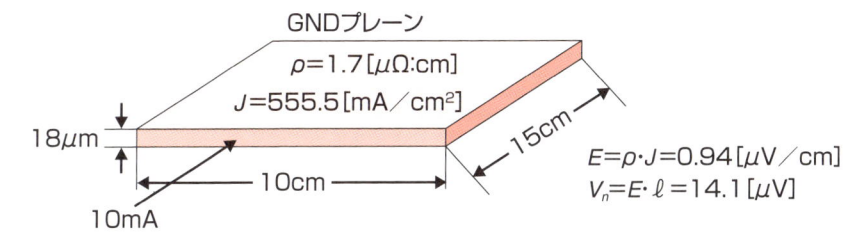

PCB(GND)

$J(E=\rho J)$
$V = E \cdot \ell$

$$J = \dfrac{i}{w}$$
$$V = E \cdot \ell$$
$$ = \rho \dfrac{i}{w} \cdot \ell \quad \cdots\cdots (2)$$

ノイズ電流が流れたときGNDプレーンに生じるノイズ電圧の計算

GNDプレーン
$\rho = 1.7\,[\mu\Omega \cdot cm]$
$J = 555.5\,[mA/cm^2]$
$18\mu m$
10cm
15cm
10mA

$$E = \rho \cdot J = 0.94\,[\mu V/cm]$$
$$V_n = E \cdot \ell = 14.1\,[\mu V]$$

電圧の傾き

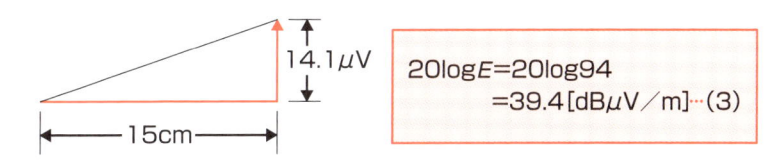

$14.1\mu V$
15cm

$$20\log E = 20\log 94$$
$$ = 39.4\,[dB\mu V/m] \cdots (3)$$

53

21 磁界を最小にするには電圧の変化（電界の変化）を最小にする

伝導電流と変位電流によって発生する磁界

伝導電流（金属）と変位電流（空間）が流れると磁界が生じる。今、面積 S の金属板が距離 d だけ離れたキャパシタに電源 V から電流 i を流すとキャパシタの容量 C に電流が流れ続け、電荷が蓄積されます。今、Δt の間にキャパシタに電圧 ΔV が印加され電流 i が流れたときのキャパシタに蓄積される電荷 ΔQ は容量 C と電圧 ΔV との積（$\Delta Q = C \cdot \Delta V$）になり、電流 i は電荷の時間的変化なので①式となります。この電圧 ΔV を距離 d で割ると電界 ΔE となるので電流密度 J [A/m²] は誘電率 ε と電界の時間的変化 $\Delta E / \Delta t$ の積となります。この電界 E の時間的変化は印加する電圧 V の時間的変化に等しくなります。電流密度 J により回転する磁界 H ができるのでこの磁界 H を少なくするためには、電界の時間的変化を遅くすること、そのためには信号や電源の立上りや立下り時間を遅くしなければならない。次にキャパシタ周辺の電界と磁界の様子を見ると、a点では電界 E が下側を向き、磁界 H が紙面表から裏方向 ⊗ になるので電磁波 P は電界 E から磁界 H 方向に右ねじを回した方向に進むのでキャパシタの中心部に向かいます。同様に b 点における電界 E と磁界 H（紙面裏から表方向）についても電磁波 P はキャパシタの中心部に向かいます。この中心に向かう電磁波が多くなれば空間の電磁波エネルギーは最小となります。

これがまさしく周辺の電磁波成分が少なくなり、プラス電荷とマイナス電荷の間に電流が流れたときに発生する磁界は、電流 i が幅 w の GND プレーンに流れると電流密度 J は②式となり、アンペールの法則を用いると磁界 H は③式のようになります。

これより電流 i を少なくするか、電流が一定ならば、電流が流れる方向の幅 w を広くすれば発生する磁界を少なくすることができます。

要点BOX
- 変位電流は空間を流れるので、それによる磁界は空間に広範囲に広がる
- キャパシタ周辺の電磁界は中心部に向かう

伝導電流と変位電流（空間を流れる電流）による磁界

電界の時間的変化が変位電流

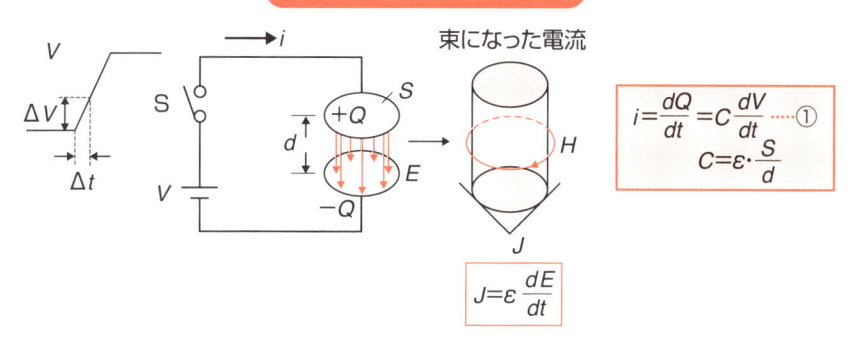

$$i = \frac{dQ}{dt} = C\frac{dV}{dt} \quad \cdots ①$$

$$C = \varepsilon \cdot \frac{S}{d}$$

$$J = \varepsilon \frac{dE}{dt}$$

キャパシタ周辺の電界と磁界

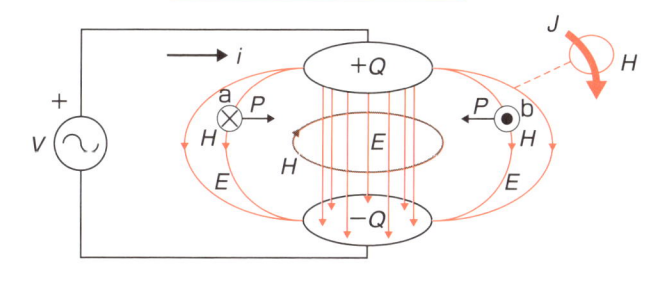

GNDプレーンを流れる伝導電流による磁界（アンペールの法則）

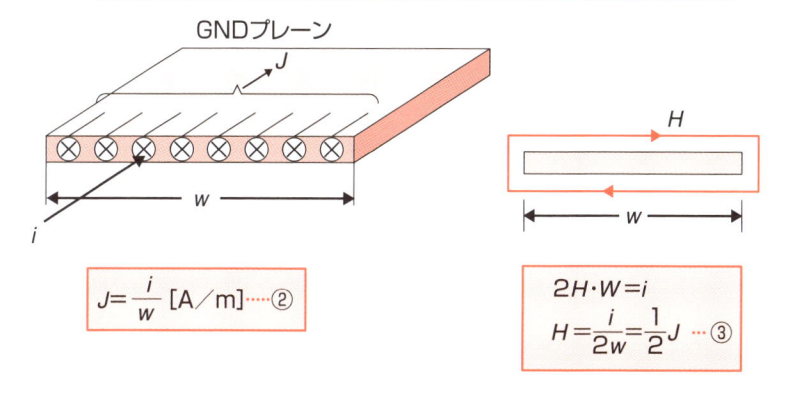

$$J = \frac{i}{w} \; [\text{A}/\text{m}] \quad \cdots ②$$

$$2H \cdot W = i$$

$$H = \frac{i}{2w} = \frac{1}{2}J \quad \cdots ③$$

22 ファラデーの電磁誘導の法則はエミッションとイミュニティに大きく関わる

ファラデーはアンペールの法則により電流から磁界が発生するなら、逆に磁界から電流を取り出せるのではないかと考えて実験を行った結果、生まれたのが相互誘導と自己誘導法則で磁界が時間的に変化すると、その変化を妨げる方向に電界の渦（回転）ができ①式で表すことができます。この式より磁界Hの変化が電界Eを生み出し、電界Eが変化すると変位電流が流れ、磁界Hが回転して電磁波が発生します。

ノイズを受ける立場では、回路ループ内に外部からノイズ（磁界H_n）が図のように上から下向き（下から上）に回路ループ内に電界E_nが発生して回路ループの長さを掛けた電圧V_nが発生します。このノイズ電圧を小さくするためには回路ループの長さを最小にする。次に自己誘導現象について、電源VとスイッチSからなる回路ループがあるときにスイッチを入れたとき

ループを貫く磁力線磁束φに対して逆方向（右回り）に電池v（逆起電力）が分布して発生します。この電池v（図では6個の電池）は信号電流Iを妨げる方向で、その大きさは③のように回路の長さのインダクタンスLと信号電流Iの時間的変化の積となります。このため回路ループが長いと、回路ループから押し出すエネルギーが多くなり大きく電池Vから押し出す逆起電力が大きくなります。一方、回路ループ（a－b間）の逆起電力V_nによって信号電流の一部が押し出されて電源i（これがコモンモードノイズ電流）となって配線を流れます。こうしてコモンモードノイズ源V_n（アンテナ駆動の高周波源）、長さℓの配線、流れる電流iのモノポールアンテナモデルが形成されます。

磁力線（磁界）によるコモンモードノイズ源と磁力線を受信したノイズレベルの大きさ

要点BOX
●回路ループには逆起電力（信号電流を押し出す力）が発生し、ノイズを受信するとループ内に電界の回転ができる

ファラデーの電磁誘導の法則とEMC

エミッション

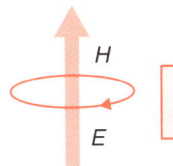

$$-\mu \frac{\partial H}{\partial t} = \text{rot} E \quad \cdots\cdots ①$$

イミュニティ

H_n(ノイズ)

$$-\mu \frac{\partial H_n}{\partial t} = \text{rot} E_n \quad \cdots\cdots ②$$

自己の回路に信号の流れを妨げる電池ができる

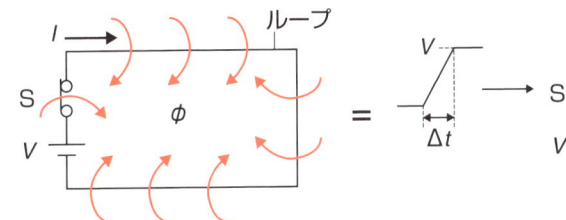

ϕ：磁力線

$$v = \frac{d\phi}{dt} = L \cdot \frac{dI}{dt} \quad \cdots\cdots ③$$

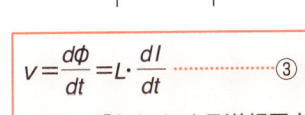

v：インダクタLによる逆起電力
（6個分の電池の合計）

回路がアンテナになる

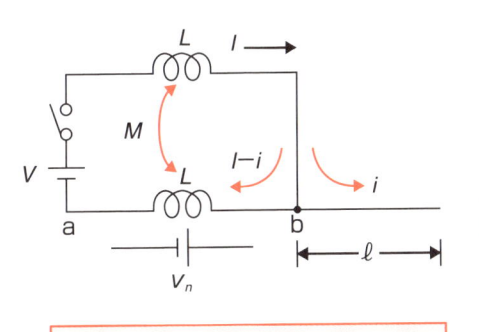

v_nの大きさ　　$v_n = (L-M) \cdot \frac{dI}{dt} \quad \cdots\cdots ④$

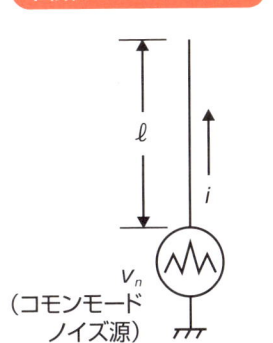

v_n（コモンモードノイズ源）

モノポールアンテナ（第8章）

2.3 回路ループの外に電流を押し出す力を小さくする方法

コモンモードノイズ源とは回路ループのリターン電流を他の回路に押し出す力となります。コモンモードノイズ源V_nの大きさは信号ラインのインダクタンスとリターン（GND）のインダクタンス間の相互インダクタンスM、信号電流の時間的変化dI/dtの三つの要素によって決まります。

インダクタンスLは長さに比例して幅の自然対数に反比例するので、小さくするためには配線ab間の長さを短く、幅wを広くしなければならない。次に相互インダクタンスMについては1本の信号線からの磁力線がもう一方のリターンをすべて貫く状態のときが最大のMで、このとき自己インダクタンスLと相互インダクタンスMが等しくなります。このMを大きくするためには配線1と配線2の距離を近づける、プリント基板の厚みを薄くする、GNDパターンの幅を最大にする、ガード電極を配置する。シールドケーブルや同軸ケーブルが理想的な場合はL

$= M$となります。このように相互インダクタンスMを大きくすることは結果的に信号とGND間のキャパシタンスC成分が大きくなります。次に信号電流の時間的変化dI/dtは、ICのスイッチする時間的な速さによって決まるので時間的変化を少なくするためには、時間に対する電流の傾きをゆっくりする高速応答でなく低速応答のICを用いる、フィルタによって高調波成分の電流を減衰させる、周波数の低くする、可能であれば高調波のうち特定の正弦波周波数を用いる方法などがあります。その他にも回路がインダクタンスLとキャパシタンスCで直列共振すると最大の電流が流れdI/dtが最大になるので共振を避けることやダンピング抵抗によって共振のエネルギーを吸収することが必要です。

> 三つ要素Lを最小、Mを最大、dI/dtを最小にする

要点BOX
● コモンモードノイズ源の大きさを小さくするには、Lを最小、Mを最大、時間変化dI/dtを最小にする

コモンモードノイズ源 V_{ab} の大きさを低減する方法

L を小さくする方法

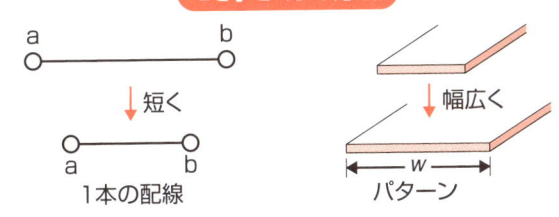

a ○———○ b
↓ 短く
a ○—○ b
1本の配線

↓ 幅広く
パターン (w)

M を大きくする方法（キャパシタ C を大きく）

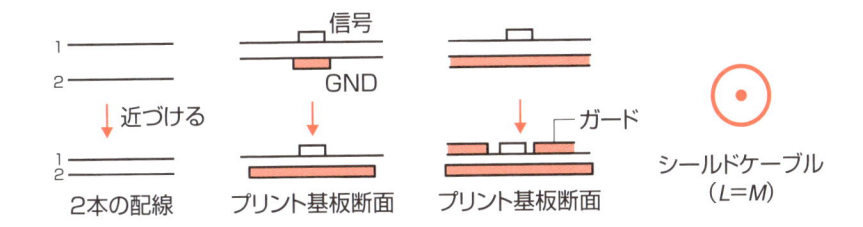

1 ———
2 ———
↓ 近づける
1 ———
2 ———
2本の配線

信号 / GND
↓
プリント基板断面

ガード
↓
プリント基板断面

シールドケーブル
（$L=M$）

$\dfrac{dI}{dt}$ を小さくする方法

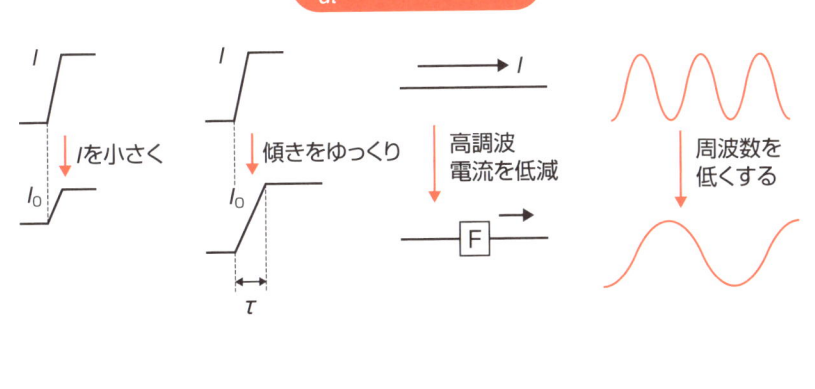

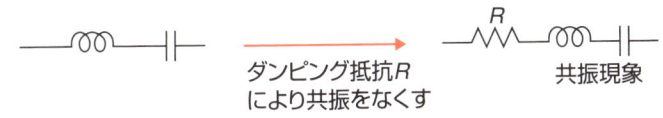

↓ I を小さく（I_0）

↓ 傾きをゆっくり（I_0, τ）

高調波電流を低減
I → F →

↓ 周波数を低くする

ダンピング抵抗 R により共振をなくす

R 共振現象

Column

マイケル・ファラデー（1791-1867）

マイケル・ファラデーはマクスウェルと並んで19世紀の代表的な科学者であり、イギリスの化学者・物理学者で電気化学のみならず電磁気学、電気工学と現代の技術文明に大きな貢献をした。

1791年ロンドンの貧しい家庭に生まれ、幼少のときから好奇心が強かった。小さいときから家計を援助するために製本業者のもとで仕事をした。高等教育は受けておらず、仕事をしながら勉強をして、電気学、力学、科学技術の先端分野などの講義を受けるようになり、その取り組む姿勢は極めて熱心だったという。

そうした中での王立協会のハンフリー・デイビーとの出会いがあり、ファラデーも王立協会の会員に任命され、次第に頭角を現していった。そうした中でいくつかの業績を上げると、エルステッドとアンペールによって電気から磁気が作られ、ファラデーは逆に磁気から電気ができないかと考え、その事実を電磁誘導の法則によって実験的に導きました。こうした現象をマクスウエルなどが数学的理論に発展させていった。それによってマクスウエルの電磁波の発生の予見は、30年後にヘルツによって実験で証明され、今日の大容量通信時代へと発展してきた。図は電磁誘導の実験で現在の変圧器の原点となるものです。図でスイッチがONとOFFのときのみ検流計に電流が流れます。つまり鉄のリングの中の磁力線（磁束）が変化するときのみ、その磁力線の変化を打ち消す方向に、検流計側のコイルには電界が発生して、それが電圧となり電流が流れる仕組みである。

ファラデーの誘導リング（現在の変圧器）

スイッチ　鉄のリング　バッテリー　検流計

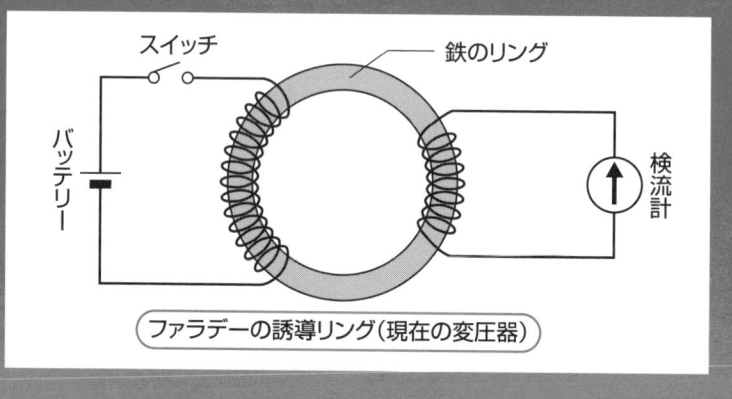

第4章

電流の流れに抵抗するインダクタと電流を容易に流すキャパシタ

24 EMC性能に大きく影響を与えるインダクタンス L

長さℓの配線に電流 I が流れているときに、微小長さdℓから半径 r のところにはアンペールの法則により ①式の磁界 H ができ、磁性体（透磁率 μ）があると磁力線の密度が μ 倍になり、通過面積 S に比例した全磁力線数 φ（磁束 φ と呼ぶ）は ②式のようになります。これより全磁力線数 φ は電流に比例し、その比例定数がインダクタンス L [H：ヘンリー]と定義され ④式になります。従ってインダクタンス L とは磁力線の発生しやすさを表します。この磁力線が発生する領域は配線の中心部から円周方向及び電流が流れる長さℓすべてにあるのでインダクタンス L は長さℓに比例することになります。
⑤式からインダクタンス L は、媒質の透磁率 μ と磁力線が流れる面積 S と磁力線が流れる経路（2π）によって決まります。ノイズの放射は磁力線数（磁界 H）が少ないほどよいので、このインダクタンス L を小さくするためには、媒質の透磁率 μ を小さく、磁力線が通過する面積 S を小さく、磁力線が流れる経路を長くする必要があります。信号回路、電源回路はリターン（GND）があるので2本の配線に逆方向に流れる電流によって発生する磁力線を回路ループ内に閉じ込めることによってループの外に発生する磁力線を低減することができます。ループのインダクタンス L_P は ⑥式で表されるので、その値を小さくするためには長さℓと配線 a b 間の距離 d を短くすればよいことがわかります。一方、ノイズ電流を低減するために、部品のインダクタは空間の磁力線を狭い範囲にたくさん閉じ込めなければならない。そのためには小型にして巻き数を多くする、透磁率 μ の大きい媒質を挿入してインダクタンス値を大きくして高周波に対するインピーダンスを大きくします。

要点BOX
- 放射ノイズを最小にするためにはインダクタンス L を小さく、ノイズ電流を阻止するためには、インダクタンス L を大きくする

インダクタンスの定義とその求め方

インダクタンスの定義

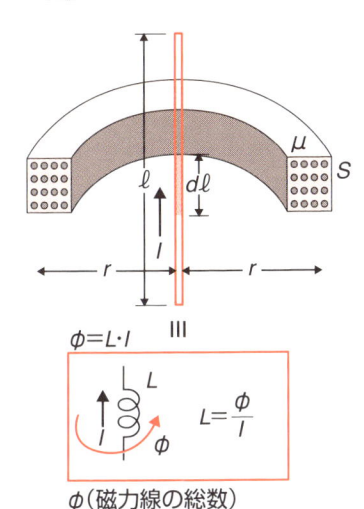

$\phi = L \cdot I$

$L = \dfrac{\phi}{I}$

ϕ（磁力線の総数）

インダクタンスLは構造によって決まるものである

$H = \dfrac{I}{2\pi r}$ ……① アンペールの法則

$\phi = \mu H \cdot S$ ……② 面積Sを通る総磁力線数

$\phi = \mu \cdot \dfrac{I}{2\pi r} \cdot S$ ……③

$= L \cdot I$ ……④ 定義

$L = \mu \cdot \dfrac{S}{2\pi r}$ ……⑤ Lは構造である

媒質　磁力線が流れる形状

2本の配線に逆方向に電流を流すとインダクタンスは小さくなる

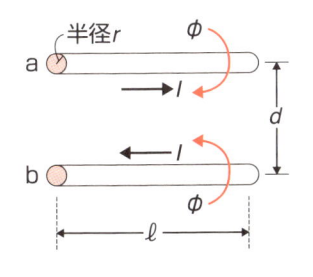

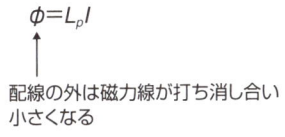

半径r

$\phi = L_p I$

配線の外は磁力線が打ち消し合い小さくなる

$L_p = \dfrac{\mu}{\pi} \ell \ln\left(\dfrac{d}{r}\right)$ [H] ……⑥

部品は内部の磁力線が最大

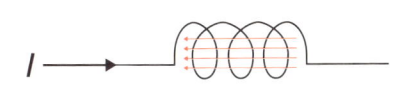

部品を使うと磁力線が漏れる

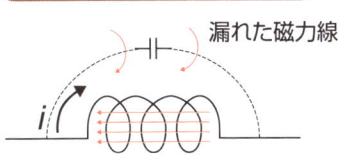

漏れた磁力線

25 電流の流れる方向によりインダクタンスは変化する

インダクタンス L と相互インダクタンス M との関連

1本の配線に電流 i が流れると逆起電力 $L\,di/dt$ が発生し、2本の配線間には電磁的な結合状態を示す相互インダクタンス M が存在します。この相互インダクタンス M は配線1から配線2、配線2から配線1を見ても同じ値で配線間の距離を近づけるほど大きくなります。今、配線1に流れた電流による磁力線が配線2を貫くと配線2には逆起電力が発生し、配線2にリターンする信号電流によって配線1にも逆起電力 V_M が発生します。相互インダクタンス M によって配線1と配線2による逆起電力 V_M は自身の電流による逆起電力とは逆極性になるのでそれぞれの配線は単独のインダクタンス L に比べて $L-M$ と小さくなります。配線1と配線2のループインダクタンス L_P は①式となります。この L_P が減少することはループに流れる電流によってループ外に発生する磁力線が減るのでノイズの放射が少なくなります。また同時に回路から押し出され他の経路に漏れる信号電流も少なくなります。この相互インダクタンス M は、配線1に流した電流による磁力線が配線2をすべて貫く場合が $L \equiv M$ で最大となり、ループインダクタンスがゼロとなり磁力線が発生しません。次に2本の配線に同じ方向に電流 i（コモンモードノイズ電流）が流れると配線のインダクタンスは L から $L+M$ と大きくなります。このことはコモンモードノイズ電流に対してインピーダンスを増加する方向になります。このように配線1と配線2は信号成分とコモンモードノイズ電流も流れる経路で相互インダクタンス M が大きくなるような配線構造にしなければならない。また、配線間のキャパシタ C は配線1と配線2に流れる異なる電流を等しくするように働きます。この M を最大にしたものには、トランスによる信号の伝達、フェライトコアによるノイズ電流の閉じ込め、コモンモードコイル、同軸ケーブルなどがあります。

要点BOX
- 電流が逆方向に流れるとインダクタンスは $L-M$ と小さく、同じ方向では $L+M$ と大きくなる
- L_p が大きいと放射ノイズが多い

2本の配線に逆方向の電流(ノーマルモード)が流れるとき

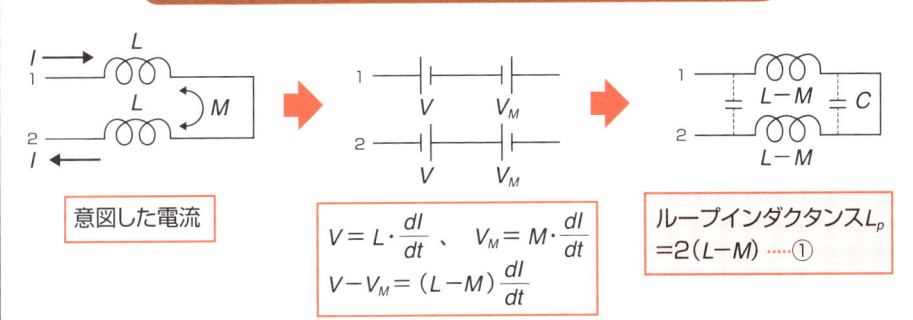

意図した電流

$V = L \cdot \dfrac{dI}{dt}$ 、 $V_M = M \cdot \dfrac{dI}{dt}$

$V - V_M = (L - M) \dfrac{dI}{dt}$

ループインダクタンス L_p
$= 2(L - M)$ ……①

2本の配線に同方向の電流(コモンモード)が流れるとき

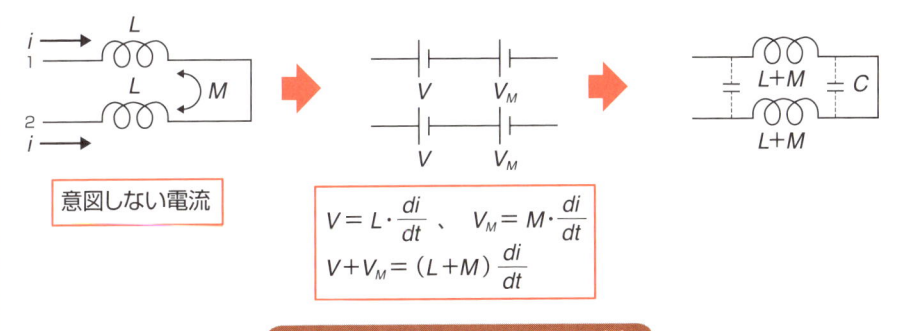

意図しない電流

$V = L \cdot \dfrac{di}{dt}$ 、 $V_M = M \cdot \dfrac{di}{dt}$

$V + V_M = (L + M) \dfrac{di}{dt}$

信号電流が他の回路に漏れる例

逆起電力 V_M によって押し出される

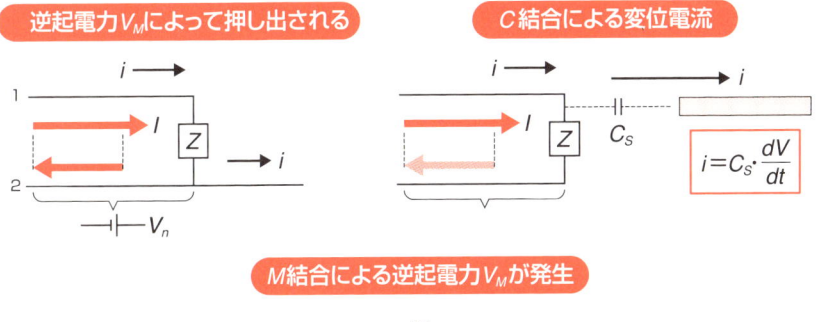

C 結合による変位電流

$i = C_S \cdot \dfrac{dV}{dt}$

M 結合による逆起電力 V_M が発生

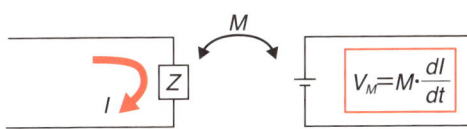

$V_M = M \cdot \dfrac{dI}{dt}$

26 インダクタとキャパシタは波形が変化している部分のみ作用する

立上りと立下りの波形の時間的変化

理想的な台形波信号①の大きさをV、立上りの部分a、立下りの部分bとすれば、波形の時間的変化dV/dtは②のようになります。実際の波形は③のように波形の立上り部分を拡大すると初めはゆっくりと立上り、中間点Pで最大の傾きとなり、信号の最大値Vに近づくにつれて傾きが次第に緩やかになっているため時間的変化dV/dtは④の波形となります。台形波の立上り時間$τ$によって決まり、立上り時間$τ$によって決まり、立上り時間が速いほど④の波形のピーク値は大きい。このdV/dtは大きい。低速応答のICでは使用する④のICの立上り時間が遅いほど（$τ$が大きい）信号のスペクトルが小さくなるために放射されるノイズは小さくなります。またノイズの影響を受ける場合にも高速に変化するノイズに対して応答が鈍くなります。この電圧の時間的変化dV/dtが小さくなると、電流の時間的変化dI/dtも小さくな

るのでコモンモードノイズ源も小さくなります。配線間のキャパシタCを流れる電流iは⑤式のようにキャパシタCと電圧の時間的変化dV/dtの積となるので⑥のように電圧波形の立上り部分ではプラスの電流となり、立下り部分ではマイナスの電流波形となります。⑥の電流波形から時間的変化di/dtを求めると電流波形の立上り部分はゆっくりと増加し、中央付近で最大となり、電流波形の最大値に向かっていくに従って徐々に減少していき、電流波形が最大値でゼロとなります。電流波形の傾きは次第に大きくなり中央付近でマイナス方向の最大値から下降していくに従ってマイナス方向の傾きは次第に大きくなり中央付近で最大となり、電流が低減するに従い変化量はゼロに向かいます。その結果⑦のような波形となります。インダクタンスLに流れる電流によって生じる逆起電力$v = L\,di/dt$もこれと同じ波形となります。

要点BOX
●波形の変化が緩やかなほど放射ノイズが小さくなり、受信したノイズに対する反応も鈍くなります

キャパシタに流れる電流波形とインダクタに発生する逆起電力波形

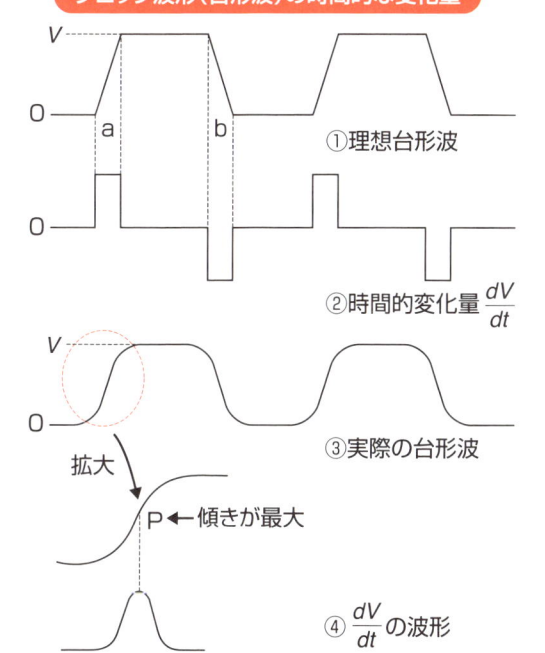

クロック波形（台形波）の時間的な変化量

① 理想台形波

② 時間的変化量 $\dfrac{dV}{dt}$

③ 実際の台形波

拡大 → P ← 傾きが最大

④ $\dfrac{dV}{dt}$ の波形

キャパシタンスCに流れる電流波形（変位電流）

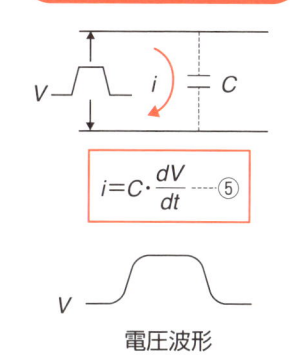

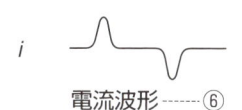

$$i = C \cdot \dfrac{dV}{dt} \quad \text{⑤}$$

電圧波形

電流波形 …… ⑥

インダクタLに発生する逆起電力vの波形

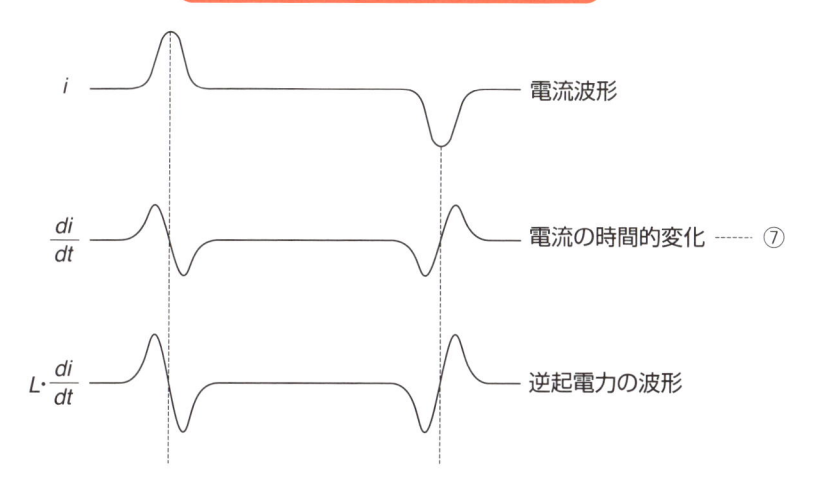

i —— 電流波形

$\dfrac{di}{dt}$ —— 電流の時間的変化 …… ⑦

$L \cdot \dfrac{di}{dt}$ —— 逆起電力の波形

●第4章　電流の流れに抵抗するインダクタと電流を容易に流すキャパシタ

27 キャパシタは放射ノイズに対しては高速電池、電流が流れるループを小さくする働き

デカップリングキャパシタに要求される機能は高速電池とループの最小化

信号波形V_sの立上りで電源Vからスイッチング電流i_sが流れ、また負荷C_Lへの充電電流i_Lが実線のように大きなループを通して流れ、V_sが立下がると負荷C_Lに充電された電荷が点線のように放電されます。

ICの電源・GND間にキャパシタCがあると、ここからV_sがLoレベルになるまでにスイッチング電流と負荷電流を供給します。次にV_sがLoレベルになるまでに電荷が放電されたキャパシタCは電源Vから配線の抵抗Rを通して充電されます。このようにキャパシタがあると負荷電流を充放電する電流は信号回路のみを流れ短いループとなります。スイッチング電流は信号V_sの立上りに同期して流れるので信号と同じ周波数となります。負荷電流は信号V_sの2倍の周波数で流れ、負荷電流は信号V_sの立上りに同期して流れるので信号と同じ周波数となります。このICに流れるスイッチング電流を測る方法にはICのGNDピンに小さな抵抗R（例：2.2Ω）を付けて生じる電圧波形をオシロスコープによってスペクトラムアナライザによって周波数スペクトルを測定することができます。負荷がある場合は負荷からIC側に流れてくる点線の負荷電流も測ることができます。

次にキャパシタを選定したときにそのキャパシタがスイッチング電流と負荷電流を供給するのに最適かどうか判断するには、電源ラインに挿入した電流検出用の小さな抵抗Rによって周波数スペクトルを測定する方法があります。ノイズの受信ではノイズ電流の良好なバイパス機能のため低インピーダンス特性が要求されます（EMIとイミュニティとも同じ）。このようにキャパシタCは大きな回路のループから小さなループに置き換える働きをするのでループアンテナから放射されるノイズ及びコモンモードノイズ源の大きさも小さくなります。またキャパシタはスイッチング電流や負荷電流を高速で供給する電池の機能が要求されます。

要点BOX
●キャパシタCは電流が流れるループの面積を小さくして高速応答する電池である

68

キャパシタCの役割

キャパシタCがないときの貫通電流と負荷電流の流れ方

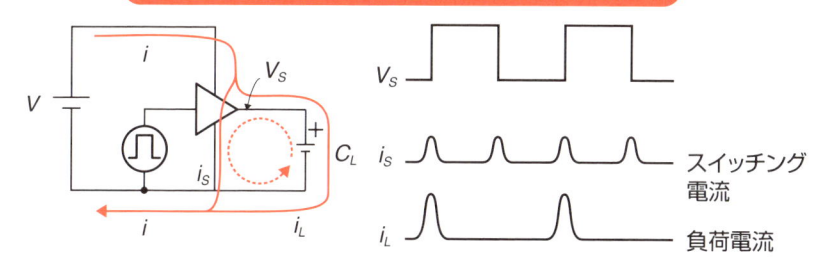

スイッチング電流

負荷電流

キャパシタCがあるとき

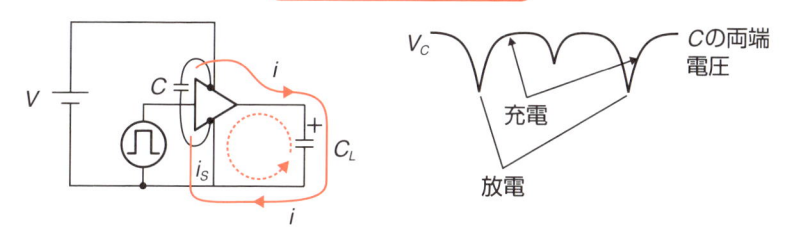

Cの両端電圧

充電

放電

スイッチング電流を測る方法

GNDピン
47Ω
2.2Ω
オシロスコープ
スペアナ

キャパシタの効果を見る方法

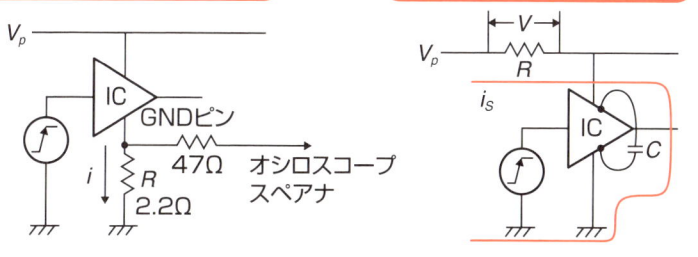

キャパシタCの役割と要求される性能

大きなループを小さなループにする

ループ大 → ループ小

必要とされる容量を持った電池

$Q = C \cdot V$

28 EMC性能を最大に発揮するキャパシタの使い方

キャパシタCのインピーダンスを小さくするためには等価直列抵抗rと等価直列インダクタンスLを最小にしなければならない。キャパシタCが1個のときのインピーダンスは①式のようになり、$\omega L = 1/\omega C$（直列共振）のとき$Z = r$となりインピーダンスZが最小となる。同じキャパシタCを2個並列に接続すると合成されたインピーダンスは半分となり、抵抗rとインダクタンスLがそれぞれ1/2に、キャパシタンスCが2倍になり、共振周波数fは変化しない。1個のときに比べてインピーダンスのカーブが低い方にシフトした形になります。図にはn個並列接続状態を示しているが、優れている点は、インダクタンスを低減できる、並列接続によって大容量化でき、広い周波数範囲でインピーダンスを低くできる、直列共振によるピークがなく、並列共振しないことです。キャパシタのインピーダンスを低くするもう一つの方法には、異なる値のキャパシタC_1とC_2を並列に接続します。一つのキャパシタンスCを大きく、もう一方のキャパシタンスCを小さくして（共振周波数を高く）高速に電荷を供給する組み合わせとなります。合成されたインピーダンス特性は共振周波数f_1とf_2を持ち、矢印のように使用できる周波数範囲が広がります。また共振周波数の間に持ち上がりを持つが、これは2個のキャパシタの選定により変わります。ノイズ受信では高周波ノイズを効率よくバイパスさせるためには、キャパシタのインピーダンスを最小する、そのための方法は上記と同じになります。インダクタンスLはノイズ電流の周波数が高いほどバイパスするのを妨げる働きをする。バイパス効果が低下するとノイズ電流がICの内部を流れることになります。

キャパシタのインピーダンスの最小化（ストレーインダクタンスESLの最小化）

要点BOX
●キャパシタンスのインピーダンスを下げるには並列接続してインダクタンス成分を最小にする

キャパシタCの高周波特性を広げる方法1

インダクタンスLと抵抗rを小さくする方法

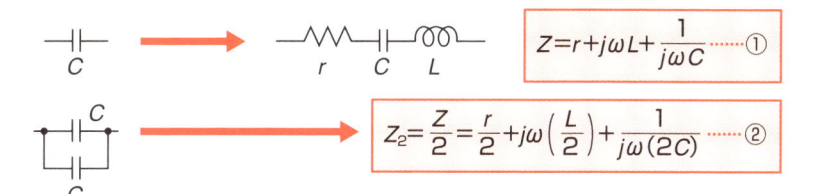

$$Z = r + j\omega L + \frac{1}{j\omega C} \quad \cdots\text{①}$$

$$Z_2 = \frac{Z}{2} = \frac{r}{2} + j\omega\left(\frac{L}{2}\right) + \frac{1}{j\omega(2C)} \quad \cdots\text{②}$$

同じ値のキャパシタCを並列にしたときの周波数特性

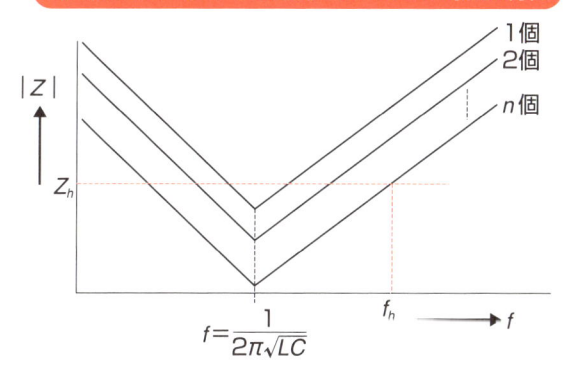

縦軸: $|Z|$、Z_h
横軸: f、f_h
$f = \dfrac{1}{2\pi\sqrt{LC}}$

1個／2個／n個

キャパシタCの高周波特性を広げる方法2

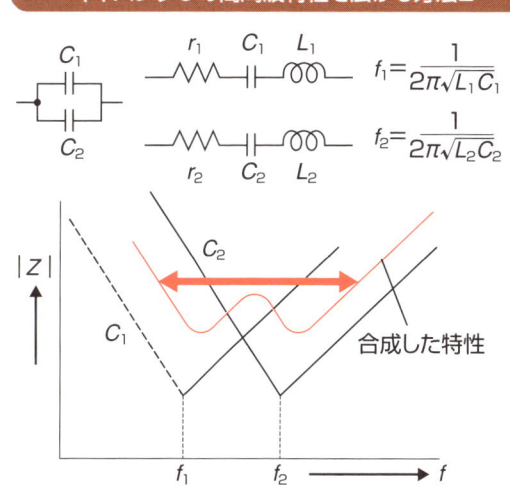

$$f_1 = \frac{1}{2\pi\sqrt{L_1 C_1}}$$

$$f_2 = \frac{1}{2\pi\sqrt{L_2 C_2}}$$

合成した特性

ノイズ電流をバイパスする

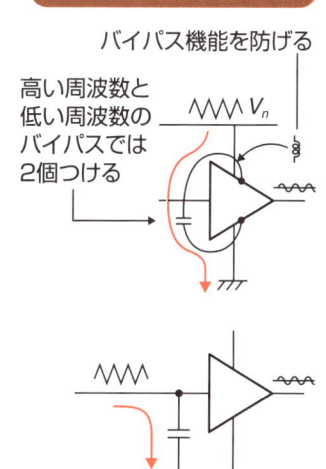

バイパス機能を防げる

高い周波数と低い周波数のバイパスでは2個つける

29 LC共振現象は入力電力が多くなり EMC性能を悪化させる

直列共振と並列共振がEMC性能に及ぼす影響

電子回路には配線の抵抗成分 r とインダクタンス L、送信配線とリターン配線との間にはキャパシタンス C があります。抵抗成分は低周波から高周波まで熱損失を与え、インダクタは低周波ではインピーダンスが小さく、周波数の増加とともにインピーダンス $(j\omega L)$ が大きくなります。図の回路では高周波信号はキャパシタ C によるインピーダンスが小さく、インダクタ L によるインピーダンスが大きく流れにくくなります。ところが特定の周波数 $1/2\pi\sqrt{LC}$ ではキャパシタンス C とインダクタンス L の合成したインピーダンスがゼロとなるために回路には最大の電流が流れることになります。このとき存在するのは配線の抵抗成分 r のみです。これが直列共振現象で信号回路が電源から電力を最大に引き出し回路ループに最大の電流 i_{max} が流れます。このためループアンテナの放射強度は最大となり、同時に電源を含めた回路ループに発生するコモンモードノイズ源 $(L-M)di/dt$ の大きさも最大となり、回路から押し出されたコモンモードノイズ電流により放射ノイズも大きくなります。外部からノイズを受信する場合においても、電源ラインにノイズが重畳したときにはこの共振周波数にノイズに相当するノイズ電流を効率よく信号回路（ノイズ電流 i_n）に流します。配線の抵抗成分だけでは少ないので部品（抵抗、ビーズ）を追加して共振エネルギーを熱エネルギーに変換します。この抵抗をダンピング抵抗と呼び、回路の信号の立ち上りにもよりますが30〜150程度の抵抗（部品）やフェライトビーズを挿入します。直列共振回路に対してインダクタ L とキャパシタ C が並列に接続されると、$1/2\pi\sqrt{LC}$ の周波数でインピーダンスが最大、電圧信号が最大となる並列共振回路があります。この並列共振でもノイズの放射やノイズの影響が大きくなります。

要点BOX
- ●直列共振は電流が最大に流れる
- ●並列共振は最大の電圧が発生する

LC直列共振

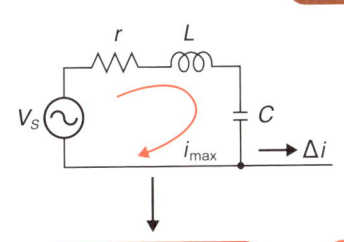

- 投入電力 $P_{max} = V_S \cdot i_{max}$
- 電流が最大に流れる周波数
$$f = \frac{1}{2\pi\sqrt{LC}}$$

ループアンテナ

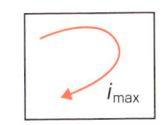

コモンモードノイズ源の大きさが最大となる

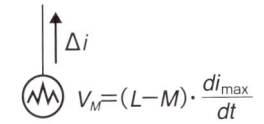

$$V_M = (L-M) \cdot \frac{di_{max}}{dt}$$

電源にノイズが重畳したとき

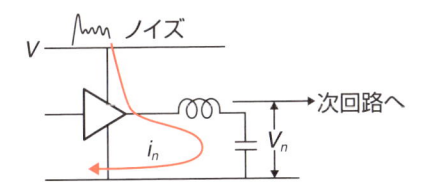

LとCの間でエネルギーのやり取り

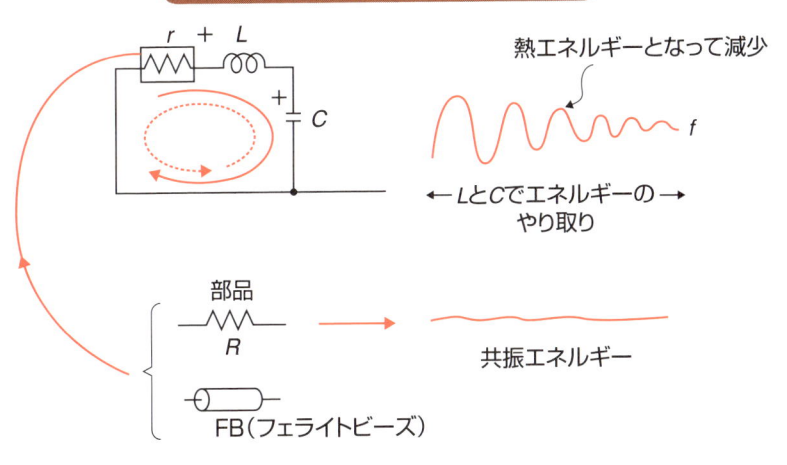

熱エネルギーとなって減少

← LとCでエネルギーの →
やり取り

部品 R

FB(フェライトビーズ)

共振エネルギー

30 GNDと筐体（フレーム）とは、ノイズとどのように関わるか

GNDとは信号電流や電源電流を流す電圧の基準を与え、電流が意図した経路に流れるよう確実にリターンさせるためにインピーダンスは低くなければならない。低周波の電流を確実にリターンさせるには、電流が流れる経路を短く、断面積を広くして抵抗成分を最小にする。一方高周波の電流に対してはインダクタンスを最小にする。そのためには電流が流れる方向の長さが短く、幅が広くする。幅の広いGNDのインピーダンスは低いと思われがちであるが、特に信号電流の立上り時間が速いほど $L \cdot di/dt$ が大きくなりGNDがリターンの役割を果たさなくなり、コモンモードノイズ源も大きくなります。次に筐体（フレーム）が信号回路と図のような関係にあるときに、信号電流 I が負荷 Z を流れ分岐点Bにきたときにリターンすべきコモンモードノイズのインピーダンスが高いと、回路ループ外にコモンモードノイズ電流 i が流れ出します。今、この電流をプラスの電荷3個分で表現する

と電荷から電気力線が筐体に向かうと筐体内部の電子は電荷から電界による力を受けて表面に現れます。プラス電荷とマイナス電荷の距離を近づけると電界を内部に閉じこめることができます。プラスの電荷はC点からD点に流れ、さらにD点から回路のGNDに向かい信号のA点に戻ります。このように筐体はコモンモードノイズ電流がリターンするところとなります。またプラス電荷があると筐体に対して電位 V_c がコモンモードノイズ電圧となります。筐体もGNDと同じように抵抗成分やインダクタンス成分は小さいが必ず持っています。長さがあるところに変化する電流が流れるとインダクタンス性のノイズ電圧が発生し、特定周波数のノイズが電界成分となって放射されます。筐体がないシステムでは電界がプラスの電荷から図のように空間を経由してマイナス電荷のあるA点に向かい、電流は空間を流れます。

信号のリターンがGNDとコモンモードノイズ電流のリターンが筐体

要点BOX
● GNDは信号電流が、筐体はコモンモードノイズ電流がリターンするところ、電界と磁界を閉じ込めることが重要

GNDは電流がリターンするところ

GNDのインピーダンス　$Z=R+j\omega L$

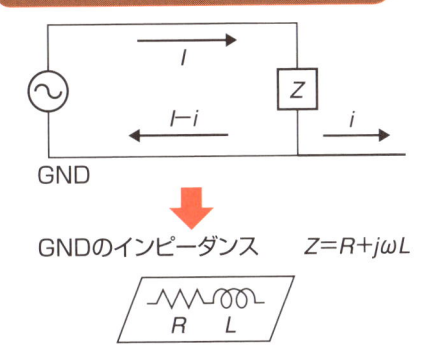

筐体(フレーム)はコモンモードノイズ電流がリターンするところ

V_C(コモンモードノイズ電圧)

(筐体、フレーム)

⊕電荷の流れ

筐体のインピーダンス

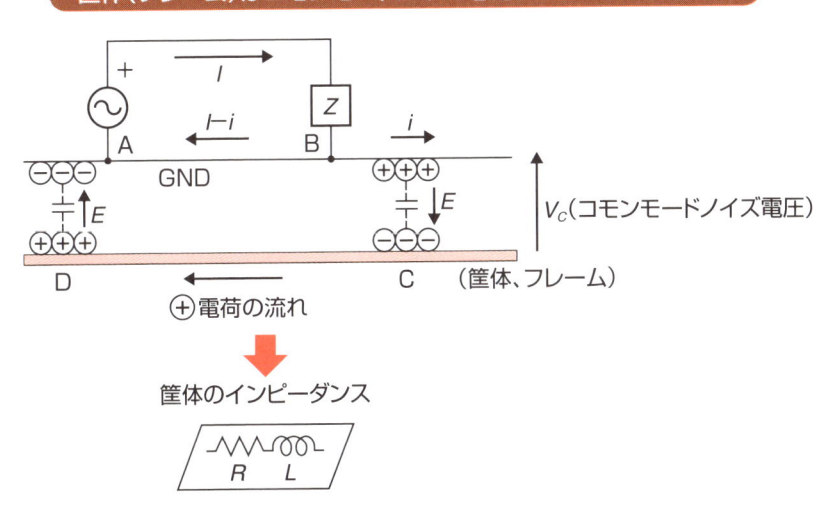

筐体がないと空間に電流が流れる

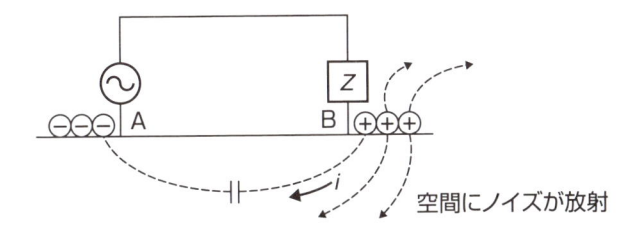

空間にノイズが放射

Column

インダクタとキャパシタに対応する力学的パラメータ

インダクタは電流の時間的変化に対して抵抗し、その力は①式のように表すことができ、その力に蓄えられる電磁エネルギーは電流の2乗に比例して②式となります。

一方、力学においてニュートンの運動の法則は力Fを加えたときの速度の変化 dv/dt は質量 m に反比例するので③式で表せます。この③式より有名な④式（α は加速度）が得られ、運動エネルギー K は速度 v の2乗に比例して⑤式となります。これより電圧 V は力 F に、インダクタンス L が質量 m に、電流 i が速度 v に対応することがわかります。インダクタンスは力学では、質量 m に相当するので急に力を与えて動かそうとしても反作用があり、徐々にしか動き出すことができない。つまり質量とは動かしにくさの指標である。

次にキャパシタンス C について電荷 Q は流した電流 I と時間 t の積であり、流れる電流 I は電圧 V の時間的変化に比例し⑥式となります。このことからキャパシタンスとは電荷の蓄積のしやすさであり、電圧の変化に対する電流の流れやすさを表しています。電圧 V を力 F に、電流 I を速度 v に置き換えると⑦式となります。⑦式で $v \cdot dt$（速度×時間）は距離 x なので、力と距離（変位）の関係になります。

一方、バネ定数 k のバネに力 F を加えるとバネはちぢみ、その変化量（変位）を x とすれば、元に戻ろうとする力（復元力）F と変位 x には⑧式の関係があるのでキャパシタンス C はバネ定数 k に対して $C=1/k$ に対応することがわかります。

インダクタンスによる逆起電力　　$V = L \cdot \dfrac{di}{dt}$ ……………①

インダクタに蓄積される電磁エネルギー　$E = \dfrac{1}{2} L \cdot i^2$ …②

運動の法則　　$\dfrac{dv}{dt} = \dfrac{1}{m} \cdot F$ …………………③

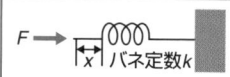

$F = m \cdot \dfrac{dv}{dt} = m \cdot \alpha$ …………………④

運動エネルギー　$K = \dfrac{1}{2} mv^2$ ……………………⑤

キャパシタ　　$Q = CV (I \cdot t = CV)$ ………………⑥

$dF = \dfrac{1}{C} \cdot v \cdot dt = \dfrac{1}{C} \cdot dx$ ………⑦

$\downarrow$

$F = kx \quad C = \dfrac{1}{k}$ …………………⑧

$F \rightarrow$ バネ定数 k

第5章
波を送る伝送路の
ノイズ対策

31 伝送路（配線）は電界と磁界の波を閉じ込めて送るためのガイド

配線1と配線2から構成された伝送路には、長さによるインダクタンス成分と抵抗成分、配線間の距離によるキャパシタンスと漏れ電流による絶縁抵抗成分があります。この伝送路は交流信号 V を加えると信号電流 I が流れ、入力端子から見ると①式の特性インピーダンス Z_0（単位はΩで純粋な抵抗値）を持ち、配線1と配線2の単位長さあたりのインダクタンス L_0 とキャパシタンス C_0 が縦続した回路となります。配線1と配線2の間に印加された信号はインダクタによる逆起電力に逆らって進み、キャパシタを充電する動作を繰り返しながら伝搬していきます。そのため伝送路を進む信号はいつも特性インピーダンスを見ていることになります。この動作から特性インピーダンスと信号の進む速度は単位長さあたりのキャパシタンスとインダクタンスで決まり、L_0 と C_0 が大きいほどキャパシタを充電するまでに時間がかかるので②式のように信号の速度は遅くなります。

単位長さあたりの C_0 と L_0 で決まり、媒質（誘電率 ε、透磁率 μ）によって異なり③式のように表すことができます。この式から比誘電率が大きい媒質を伝搬するときの信号の伝搬速度は遅くなります。光速 c は空気中の媒質に関する誘電率と透磁率によって決まり 3.0×10^8 [m/s] となります。伝送路がすべて一定の誘電率で覆われているような内層パターンの場合にはガラスエポキシ基板の誘電体の比誘電率 ε_r を4.7とすれば③式から信号の進む速度を求めることができます。次に伝送路に印加された信号による電界 E と磁界 H は配線1と配線2の間に閉じ込められるものと上部空間に分布した状態で伝送されます。内部に閉じ込められないで外部空間に漏れていくのが放射ノイズとなります。この電界と磁界の発生する様子は伝送路の形状によって大きく異なります。

> ●特性インピーダンスと信号の進む速度は単位長さあたりのキャパシタンスとインダクタンスで決まる

単位長さあたりのキャパシタとインダクタンスから特性インピーダンスと信号の速度が決まる

伝送路のインダクタンスとキャパシタンス

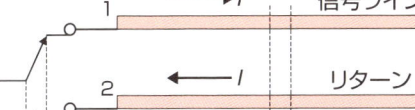

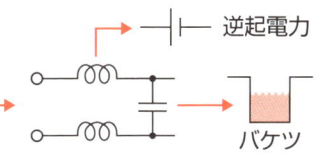

伝送路の等価回路

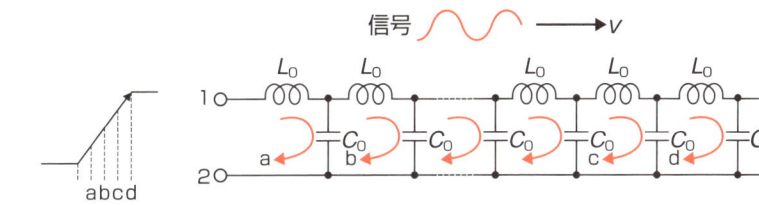

特性インピーダンス Z_0

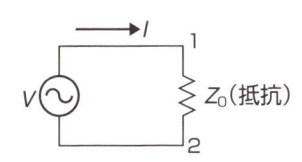

信号の伝搬速度 v

$$v = \frac{1}{\sqrt{C_0 L_0}} \quad \text{②}$$

$$= \frac{c}{\sqrt{\varepsilon_r}} \quad \text{③}$$

$$Z_0 = \sqrt{\frac{L_0}{C_0}} \ [\Omega] \quad \text{①}$$

伝送路は電界 E と磁界 H を伝えるガイドである

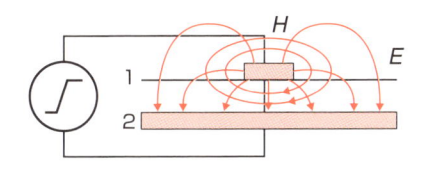

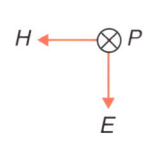

32 配線のLとCがわかれば便利なことが多い

特性インピーダンスと信号の速度からLとCを求める

伝送路の特性インピーダンス$Z_0 = \sqrt{L_0/C_0}$と信号が伝搬する速度$v = 1/\sqrt{L_0 C_0}$の式から単位長さあたりのキャパシタンスC_0とインダクタンスL_0を求めると①と②の式となります。ここでε_kは実効的な比誘電率で、信号線路がすべて誘電体で覆われている場合は比誘電率ε_rと等しく、電界と磁界が誘電体と空気中に分布して伝送される場合はそれらの分布状況による重みづけによって決まります。今、伝送路の特性インピーダンスZ_0を100Ω、実効的な比誘電率ε_kを3.0とすれば、①式と②式からC_0は0.58［pF／cm］、L_0は5.8［nH／cm］となります。

次に、信号が速度vで長さℓの伝送路を進むと遅れ、全体の遅れ時間T_dは③式となります。またこの遅れ時間を長さℓの全キャパシタンスC_rと全インダクタンスL_rを用いて表すと④式のようになります。特性インピーダンスZ_0と全遅延時間T_dから全キャパシタンスC_rを求める式が⑤で、Z_0とT_dから全インダクタンスL_rを求める式が⑥となります。伝送路には平行線、ツイスト線、マイクロストリップライン、同軸ケーブルなどあるが、平行線やツイスト線では電界と磁界が空気中を伝搬するのでほぼ光速と同じと考えられ、マイクロストリップラインでは電界と磁界は空気中と誘電体中を進むので実効的な比誘電率はε_kで、信号配線がすべて誘電体中にあるストリップラインや同軸ケーブルでは$\varepsilon_k = \varepsilon_r$となります。平行線とツイスト線の信号の伝搬速度は$3.0 \times 10^8$［m／s］で、特性インピーダンス$Z_0$を100Ωとすれば、$C_0$と$L_0$はそれぞれ0.33［pF／cm］、3.3［nH／cm］となります。次にマイクロストリップラインで比誘電率ε_rを4.8として実効的な比誘電率ε_kを2.95とすれば、信号の進む速度vを計算すると1.75×10^8［m／s］で、特性インピーダンスZ_0を100Ωとして、C_0とL_0はそれぞれ0.57［pF／cm］、5.7［nH／cm］となります。

要点BOX
●単位長さあたりのCとLは、特性インピーダンスZ_0と実効比誘電率ε_kがわかれば求めることができる

単位長さあたりのキャパシタンスC_0とインダクタンスL_0

$$Z_0 = \sqrt{\frac{L_0}{C_0}} \quad と \quad v = \frac{1}{\sqrt{C_0 L_0}} \quad より$$

$$C_0 = \frac{1}{v Z_0} = \frac{33.3}{Z_0}\sqrt{\varepsilon_k} \text{ [pF/cm]} \quad \cdots\cdots ①$$

$$L_0 = \frac{Z_0}{v} = \frac{Z_0}{30}\sqrt{\varepsilon_k} \text{ [nH/cm]} \quad \cdots\cdots ②$$

伝送路の全キャパシタンス、全インダクタンスと遅延時間

$$T_d = \frac{\ell}{v} = \ell\sqrt{L_0 C_0} \quad \cdots\cdots ③$$
$$= \sqrt{(L_0 \ell)\cdot(C_0 \ell)}$$

$$\boxed{T_d = \sqrt{C_r \cdot L_r}} \quad \cdots\cdots ④$$

①の両辺にℓを掛けて

$$\ell C_0 = \frac{\ell}{v \cdot Z_0} \text{ より} \quad \boxed{C_r = \frac{T_d}{Z_0}} \quad \cdots\cdots ⑤$$

②の両辺にℓを掛けて

$$\ell L_0 = \frac{\ell Z_0}{v} \text{ より} \quad \boxed{L_r = T_d \cdot Z_0} \quad \cdots\cdots ⑥$$

平行線

$Z_0 = 100\Omega$　　　$v = 3.0 \times 10^8 \text{m/s}$
$C_0 = 0.33 \text{pF/cm}$
$L_0 = 3.3 \text{nH/cm}$

ツイスト

$Z_0 = 100\Omega$　　　$v = 3.0 \times 10^8 \text{m/s}$
$C_0 = 0.33 \text{pF/cm}$
$L_0 = 3.3 \text{nH/cm}$

マイクロストリップライン

ε_r

$Z_0 = 100\Omega$　　　$v = 1.75 \times 10^8 \text{m/s}$
$C_0 = 0.57 \text{pF/cm}$
$L_0 = 5.7 \text{nH/cm}$

33 信号は形状が異なるところで反射し、波形に大きく影響する

電圧と電流の反射の大きさと位相、反射係数、反射は共振現象

今、特性インピーダンスがZ_0の伝送路を伝搬する信号電圧をV_1、信号電流をI_1とすれば、特性インピーダンスがZ_1と異なる伝送路に入るときにその境界で信号は反射します。反射される電圧信号をV_2、反射する信号電流をI_2、透過する電圧信号をV_3、透過する信号電流をI_3とします。境界点では入射電圧と反射電圧の合計が透過電圧に等しく①式となり、境界点で入力する電流と反射する電流の合計が透過電流に等しく②式となります。同様に、入射する電圧V_1と電流I_1、反射する電圧V_2と電流I_2(電流は逆方向)、及び透過する信号電圧と電流の関係をまとめると③式となります。③式から電圧の反射係数$ρ$はV_1に対するV_2の比で④式のようになり、反射係数は特性インピーダンスZ_0とZ_1によって決まり、Z_0とZ_1が等しければ反射がなくなり、すべての信号が透過する。Z_1が例えば、Z_0に比べて非常に小さいと反射係数$ρ$はほぼ−1となり、非常に大きいと反射係数$ρ$はほぼ+1となります。次に①②③式から電流の反射係数について求めると⑤式となります。④式と⑤式を比べると電圧の反射係数に対して電流の反射係数の大きさに負の符号がついているので電圧の反射係数の大きさと電流の反射係数の大きさは等しく、180度の位相差があることになります。このことは入力電圧がプラス方向で反射するなら、入力電流はマイナス方向で反射することです。入射電圧V_1に対する透過電圧V_3の比から⑥式のようになり、②式と⑤式から⑦式が得られます。電圧の反射係数が最大1の場合、透過係数り電圧は2倍の振幅で透過するが、電流の透過係数はゼロです。次に反射係数が−1(ショートのとき)のときには透過する電圧はなくなり、透過係数はゼロとなるが電流の透過係数は2となります。

要点BOX
- 電圧と電流の反射係数及び透過係数は特性インピーダンスのみによって決まる
- パターン形状が異なるとCとLが変化

インピーダンスの異なるところで電圧と電流の反射

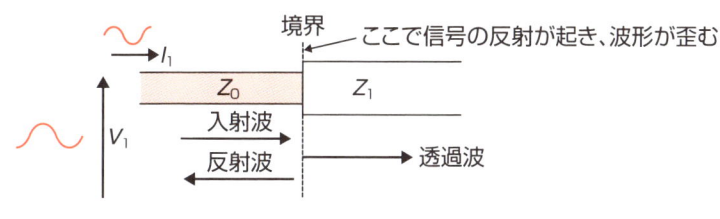

境界 — ここで信号の反射が起き、波形が歪む

Z_0 | Z_1

入射波 → 反射波 ← 透過波 →

V_1, I_1

電圧の反射と透過

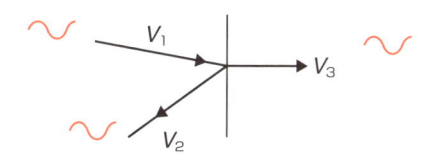

V_1, V_2, V_3

電流の反射と透過

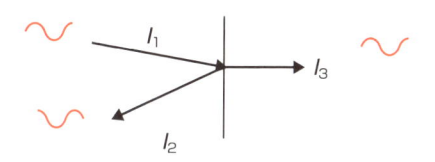

I_1, I_2, I_3

反射係数 $\rho = \dfrac{V_2}{V_1}$ の計算

$V_1 + V_2 = V_3$ ……①

$I_1 + I_2 = I_3$ ……②

$V_1 = I_1 Z_0$、$V_2 = -I_2 Z_0$、$V_3 = I_3 Z_1$ ……③

①②③より

$\rho = \dfrac{V_2}{V_1} = \dfrac{Z_1 - Z_0}{Z_1 + Z_0}$ ……④

$\rho_i = \dfrac{I_2}{I_1} = -\dfrac{Z_1 - Z_0}{Z_1 + Z_0}$ ……⑤

$\dfrac{V_3}{V_1} = 1 + \rho = \dfrac{2Z_1}{Z_1 + Z_0}$ ……⑥

$\dfrac{I_3}{I_1} = 1 + \rho_i = \dfrac{2Z_0}{Z_1 + Z_0}$ ……⑦

34 伝送路に共振（電流最大）が起こると放射ノイズが大きくなる

LとCで構成された伝送路において直列共振が起こると、入力される電流は最大となり、並列共振が起こると入力される電圧は最大となります。今、特性インピーダンスZ_0、長さℓ、負荷端がオープンのとき、入力端aに入力された電流I_iは負荷端に到達すると反射係数が1なのでそのままの大きさで反射され位相がπだけずれた反射波I_rとなって入力に戻ります。入力された電流I_iと反射されて戻る電流I_rの位相が等しくなるのは入力電流I_iと反射されて戻る電流I_rの位相が等しくなるときで、波長λの電流の波が伝送路を往復して、距離2ℓを伝搬して位相が180度（$\lambda/2$）ずれるときなので、nを整数として①の条件となります。これより長さと波長λとの関係を①式で表すことができ、伝送路の長さが$\lambda/4$（基本周期）に相当する周波数の奇数倍が伝送路から最大に放射されます。信号の速度vがわかっていれば共振周波数fは$v = f\lambda$より求めることができま

す。

次に負荷端がショートのとき、同じように入力端aに入力された電流I_iは速度vで進み負荷端に到達すると反射係数が1なので大きさが等しく位相がずれないで反射します。入力された電流が最大になるのは入力電流I_iと反射された電流I_rの位相が等しくなるときで、伝送路を往復（距離2ℓ）したとき位相が0度のときなので、nを整数として③式の条件となります。この式を基本周期$\lambda/4$を基にして書き換えると④式となり基本周期$\lambda/4$に相当する周波数の整数倍が伝送路から最大に放射されます。信号の周波数特性と伝送路の総合特性は台形波のスペクトルの周波数特性と伝送路の共振特性の積となります。

伝送路に電流が最大に入力される直列共振と電圧が最大に入力される並列共振

> **要点BOX**
> ●負荷のインピーダンスの状況によって、$\lambda/4$の奇数倍と偶数倍に相当する周波数で共振が起こる

伝送路に入力される電流が最大となる条件

負荷端bのインピーダンスが Z_0 に比べて大きいとき ($Z_L \gg Z_0$)

電流 入射波 反射波 $\rho_i = -1$

伝送路を往復して位相が $180°\left(\dfrac{\lambda}{2}\right)$ だけずれる条件

$$2\ell = \dfrac{\lambda}{2} + n\lambda \quad (n=0、1、2\cdots) \quad \cdots\cdots ①$$

$$\ell = \dfrac{\lambda}{4} + n \cdot \dfrac{\lambda}{2}$$

$$\ell = \dfrac{\lambda}{4}(2n+1) \quad \cdots\cdots ②$$

負荷側のインピーダンスが小さいとき ($Z_L \ll Z_0$)

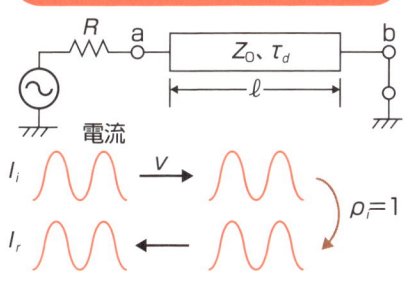

電流 $\rho_i = 1$

伝送路を往復して位相が $360°$ ずれる条件

$$2\ell = \lambda + n\lambda \quad (n=0、1、2\cdots) \quad \cdots\cdots ③$$

$$\ell = \dfrac{\lambda}{4} \cdot 2(n+1) \quad \cdots\cdots ④$$

台形波のスペクトル

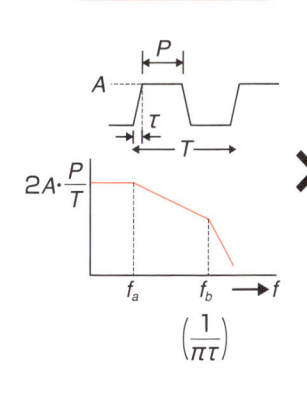

$2A \cdot \dfrac{P}{T}$, f_a, f_b $\left(\dfrac{1}{\pi\tau}\right)$

伝送路の共振特性

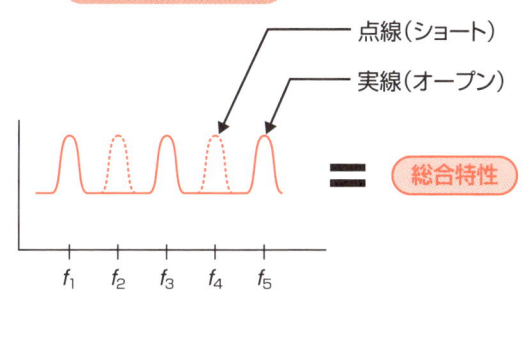

点線(ショート)
実線(オープン)

× = 総合特性

35 反射が起こると伝送路がアンテナとなってノイズが放射される

伝送路上の定在波（定常波）の大きさ

伝送路において送信端又は負荷端のどちらかインピーダンスマッチングされていれば、定在波は立たないので共振現象は起こらない。ここで定在波の大きさを示す電圧定在波比VSWR（Voltage Standing Wave Ratio）は①式のように反射係数の大きさのみによって決まります。例えば、反射係数の大きさが0.5であればVSWRは3です。今、長さℓの伝送路にλ／4の定在波が分布したときにこれに相当する周波数 f_0 を求めると②式となり、この周波数の奇数倍の電磁波が伝送路から放射されます（λ／4アンテナに相当）。次にλ／4の2倍に相当するλ／2の定在波が発生するときには、これに相当する周波数 f を求めると③式のようになり、λ／4の定在波の周波数に比べて2倍の周波数となります（λ／2アンテナに相当）。つまりλ／4の定在波を基本周波数として、その整数倍の周波数の電磁波が最大に放射されることになります。この放射をなくす

ためには送信端か負荷端、又はその両方でインピーダンスマッチングをとる必要があります。送信端でインピーダンスマッチングをとるときには伝送路の入力端からIC側を見た抵抗（R_0+R_1）を特性インピーダンス Z_0 に等しくして、負荷端のみでインピーダンスマッチングするときには負荷端側から次段を見たインピーダンスを特性インピーダンス Z_0 に等しくすることです。インピーダンスマッチングされないと、伝送路が特定の周波数を効率よく放射するアンテナとなるので、逆に外部ノイズも伝送路に取り込んでしまうことにもなります。また伝送路が並列共振を起こしている場合は伝送路のインピーダンスは大きいので、外部からのノイズ電圧の影響を受けやすく、伝送路が直列共振を起こしている場合は、伝送路のインピーダンスは低くなるので、ノイズ電流を容易に吸収してしまう。

要点BOX
●伝送路がインピーダンスマッチングされていないと共振現象（定在波）が起こり、伝送路から電磁波が効率よく放射する

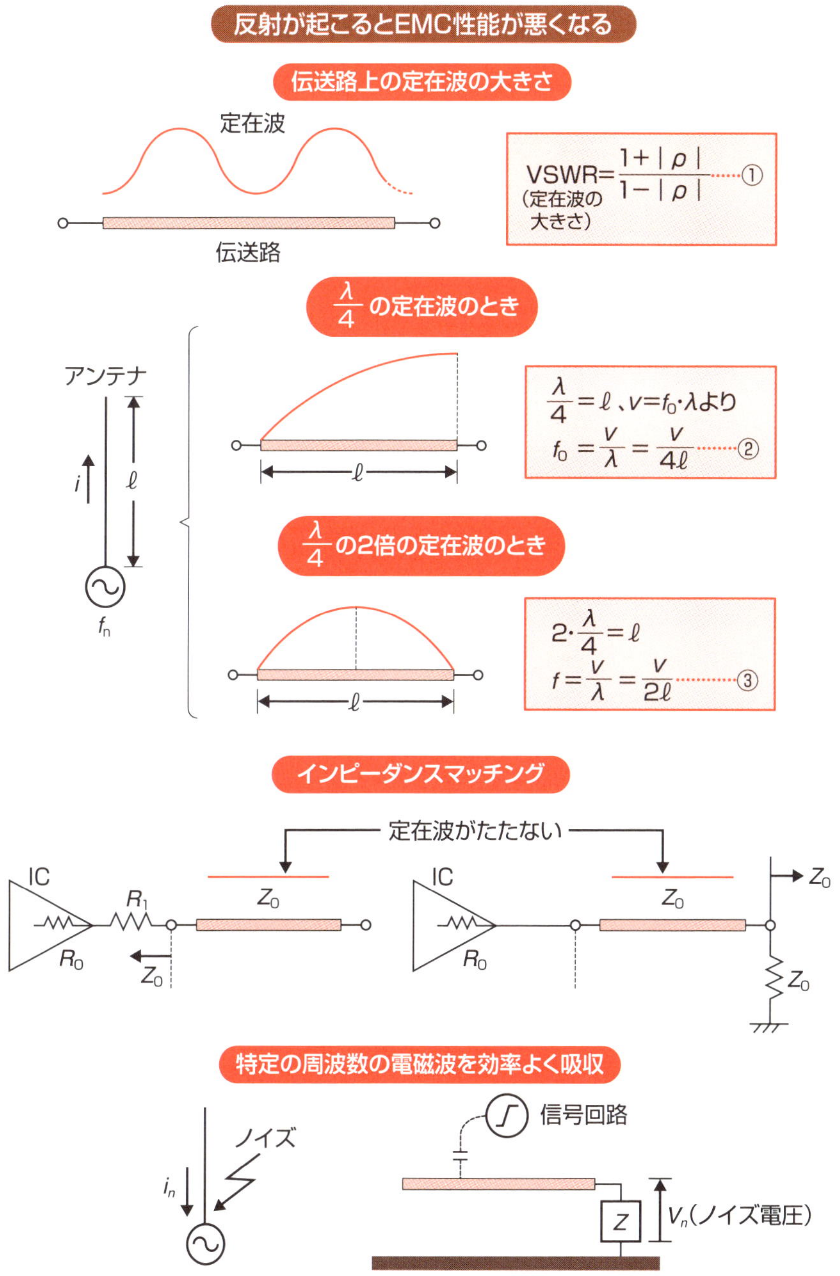

反射が起こるとEMC性能が悪くなる

伝送路上の定在波の大きさ

$$\text{VSWR} = \frac{1+|\rho|}{1-|\rho|} \quad \text{①}$$
（定在波の大きさ）

$\frac{\lambda}{4}$ の定在波のとき

$\frac{\lambda}{4} = \ell$、$v = f_0 \cdot \lambda$ より

$$f_0 = \frac{v}{\lambda} = \frac{v}{4\ell} \quad \text{②}$$

$\frac{\lambda}{4}$ の2倍の定在波のとき

$$2 \cdot \frac{\lambda}{4} = \ell$$
$$f = \frac{v}{\lambda} = \frac{v}{2\ell} \quad \text{③}$$

インピーダンスマッチング

定在波がたたない

特定の周波数の電磁波を効率よく吸収

V_n(ノイズ電圧)

● 第5章　波を送る伝送路のノイズ対策

36 インピーダンスマッチングは広い産業分野で必要、その重要性

インピーダンスマッチングがされないとさまざまな問題が起こる

広い産業分野でインピーダンスマッチングの考え方が必要とされます。信号伝送・処理分野では信号電圧や電流の波形を重視します。情報通信分野や電力エネルギーを利用する分野では電力を効率よく送信する必要性があります。例えば伝送路の送信端aと負荷端bでインピーダンスがマッチングされていない場合に負荷端bにおいてICのスレシホールドレベル以下の2の部分の波形ができるとICの出力信号は2のようにハイレベルとなり次の段以降の回路に誤信号を与えます。また、負荷端の1の部分の波形のようにICで規定された入力レベルをはるかに超えたような信号が入力されるとICが故障することや寿命が短くなるなどの症状が生じる可能性があります。信号電圧波形を重視して精度よく測定・計測するシステムや映像信号などの波形伝送の分野ではビデオカメラで撮影された画像を忠実に再現するために送受信とも必ずインピーダンスマッチングをします。

この他にも信号電圧電流の形によって製品を加工する分野や電流の波形によって処理する分野（ガス処理、熱処理、熱加工）などがあります。電力を伝送する分野においては伝送路や回路と効率よく電力エネルギーを放射するアンテナとの間でインピーダンスマッチングをとることによって電子機器などで作られた電力を最大に放射します。もしもインピーダンスマッチングされないと十分な電力を送信することができなくなり、遠方の受信アンテナでの受信電力が低下して機能・性能を十分に発揮することができなくなります。音声信号であれば、聞き取りにくい、ノイズが入る、映像であれば、画質に乱れなどが生じます。送信電力を用いて製品や材料の加工や表面処理の分野では加工ムラ、製品や材料の不良品の発生が生じる可能性の問題、製品や材料の均一性の問題があります。このようにインピーダンスマッチングが多くの分野で重要であることがわかります。

要点BOX
● インピーダンスマッチングされないと信号波形の変形、電力の反射による熱、電力のロスなどさまざまな現象が生じる

なぜインピーダンスマッチングが必要か

波形が変形して回路動作に悪影響

回路誤動作とノイズ放射

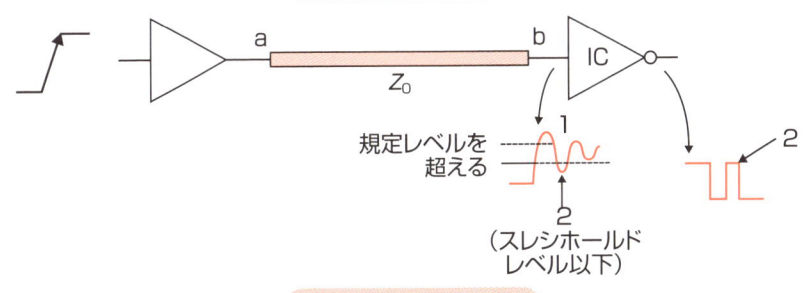

規定レベルを超える

(スレシホールドレベル以下)

回路誤動作

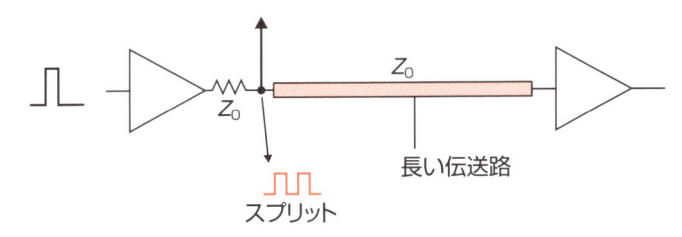

スプリット
長い伝送路

正確な波形を伝送する分野

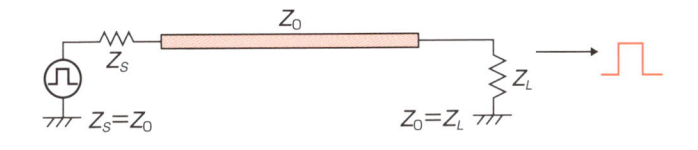

$Z_S = Z_0$　　$Z_0 = Z_L$

電力を伝送する分野

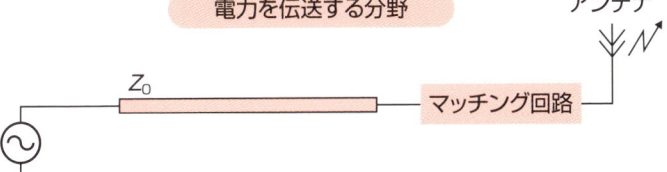

アンテナ
マッチング回路

Column

低い周波数でも反射はいつも起こっている

図には10MHzの正弦波信号が示されています。この10MHzの正弦波信号の波長λは30mとなります（$v = f\lambda$）。今プリント基板上でプリントパターンの長さが30cmと仮定すると（大型の回路基板ではこれに相当するものはたくさんあります）、このプリントパターンの長さは10MHzの信号の波長30mに対しては1/100の長さに相当します。また位相について考えると波長λを360°とすれば長さが1/100に相当する角度は3.6度となります。

今、この10MHzの正弦波信号がプリントパターンに対してaの位置で位相が0°に一致していたときには30cmのb点の位置ではこの10MHzの信号を正弦波（SIN）として位相が3.6度のb点の位置の大きさを計算すると①となりプリントパターンの位置aとbでは信号に対するパターンの長さがほぼ同じと考えることができます。

つまり波が立っていないのと同じです（ほんとうに静かな波の状態です）。

このような状態からプリントパターンの端に媒質が異なる回路を接続して、波の反射が発生しても静かな波の状態は変わりません。

このことは送られてきた波の変化がほとんどないことと同じになります。こういう状態が集中定数回路として扱い設計できる範囲です。

```
10MHz         1    sinθ
                              360°
              0°  180°
              ←―波長λ 30m―→

プリント基板    ┌─ 30cm
パターンの長さ  a  b  ――パターンの長さ
プリント       ├─────┤     プリント基板
パターン       30cm
上の信号              10MHzの信号
                   0.063≒0 ↕信号のレベルが極めて小さい
              0° λ/100 3.6°    sin3.6°=0.063 ……①
```

波長に対してパターンが極めて短い

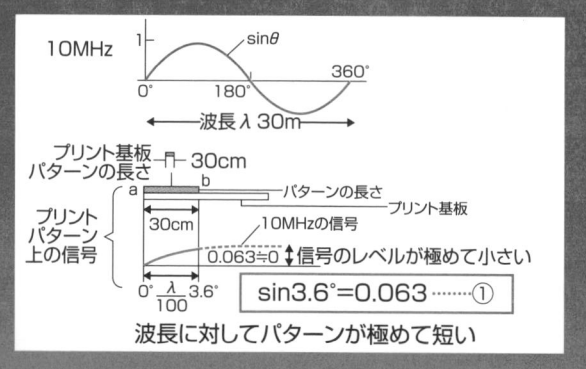

第6章
コモンモードノイズ源と
ケーブルのノイズ対策

37 プリント基板、ケーブル、ノイズ受信、筐体との関係をよく見る

今、筐体の中にプリント基板1（PCB1）とケーブル、プリント基板2（PCB2）があり、PCB1のコモンモードノイズ源V_nは筐体と容量結合しています。このノイズ源V_nから押し出された電流がケーブルを流れてノイズを放射します。今、筐体をPCB1にできるだけ近づけるとA点から筐体までのキャパシタンスが大きくなり、ノイズ源V_nから流れるコモンモードノイズ電流が筐体を経由してPCB1に戻るようになります。その結果、ケーブルに流れるコモンモードノイズ電流は少なくなり、ケーブルからの放射ノイズは低減することになります。またプリント基板のG点とA点を筐体に接地すれば（ノイズ源のショート）筐体と同電位となるのでノイズ源V_nからのコモンモードノイズ電流はほとんど筐体に流れるためにケーブルに流れる量は少なくなります。プリント基板から複数接地することによってインダクタンス成分を低減することができます。同様にケーブルも筐体に

近づけでコモンモードノイズ電流の高周波成分をリターンさせます（電界と磁界が筐体との間に閉じ込められ放射ノイズも低減）。次にケーブルに接続されたPCB2に流れるコモンモードノイズ電流は筐体を経由してノイズ源V_nにリターンするので、PCB2と筐体間のインピーダンスを高くしてリターンしにくすればよい。そのためには、PCB2全体の面積を小さく、筐体との距離を大きくしてストレーキャパシタC_sを小さくすればよい。こうすると低周波のコモンモードノイズ電流は特に流れにくくなります。このPCB1がコモンモードノイズ源でケーブルがアンテナ部分で、PCB2はアンテナの先端に接続されたある一定の面積を持った金属部分と考えられます。先端部のインピーダンスを高くすれば、先端部に流れるノイズ電流も少なくできます。

要点BOX
● コモンモードノイズ源をショート、伝搬経路は筐体に近づける、ノイズ受信部は筐体に対してインピーダンスを大きくする

コモンモードノイズ源、伝搬経路、受信部、筐体のノイズ伝搬メカニズム

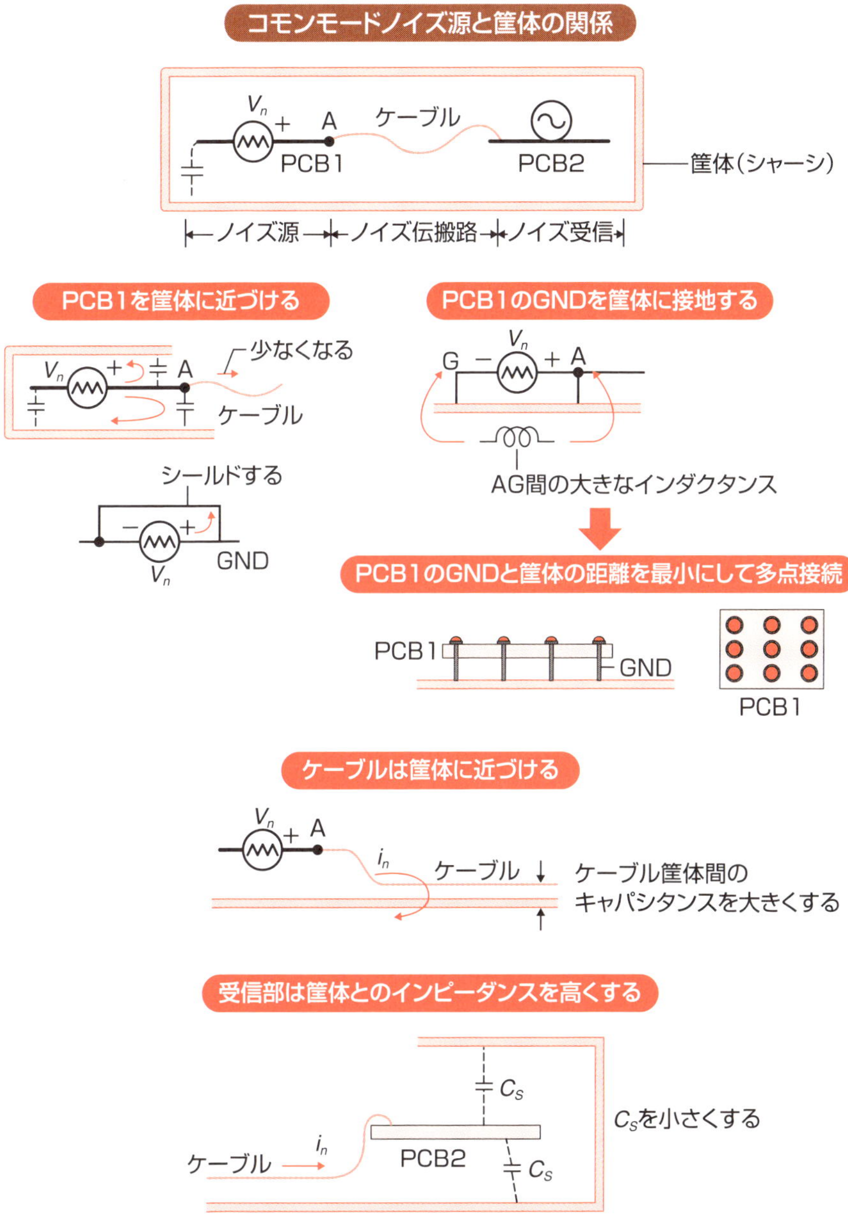

コモンモードノイズ源と筐体の関係

ノイズ源 — ノイズ伝搬路 — ノイズ受信

筐体（シャーシ）

PCB1を筐体に近づける

少なくなる
ケーブル

シールドする

PCB1のGNDを筐体に接地する

AG間の大きなインダクタンス

PCB1のGNDと筐体の距離を最小にして多点接続

PCB1
GND

ケーブルは筐体に近づける

ケーブル筐体間のキャパシタンスを大きくする

受信部は筐体とのインピーダンスを高くする

C_sを小さくする

38 ケーブルに流れる信号電流から大きなコモンモード電流が発生する

ケーブルは回路間で相互に情報のやり取りをする役割を持ち、クロックが用いられるとその高調波成分まで伝送することになり、大きなループのためループアンテナとなり、ノイズが放射されます。また同時に大きなループのためコモンモードノイズ源V_nも大きくなり信号電流を押し出す力が強くなります。

そこで2本のケーブルを物理的に接近させて相互インダクタンスMを最大にする必要があります（守らなければならない基本原則です）。単線2本のケーブルの接近では電界Eも磁界Hも空気中に漏れてしまうので信号電流の高調波成分を低減するために、フィルタFを信号の送信端のできるだけ近くに挿入します。またケーブルに流れる高調波成分の信号電流がリターン経路のインピーダンスが高いとケーブル外に流れていきます。今、信号電流Iのうちケーブルにリターンする電流の割合をI_nとすれば、この電流は送信とリターンでともに等しく打ち消し合い、残り

の電流iがケーブルの送信側を流れ、負荷Zを経由して外部へと流れます。その結果、ケーブルは電流iが流れるアンテナとなりノイズが放射されます。次に外部から2本のケーブルに同じノイズ電流i_nが流れるとすればケーブルがアンテナとなってノイズが放射されます。

信号に対して2本のケーブルは接近しなければならないので、同じ方向に流れる電流に対してインダクタンス成分が$L+M$と大きくなり、コモンモードノイズ電流が流れにくくなります。またケーブル間のキャパシタンスCの増加はコモンモードノイズ電流の差をなくして等しくする方向に働きます。配線構造だけでは不十分な場合は、2本のケーブルに低減すべきノイズ電流の周波数に対して最もインピーダンスが高くなるようなフィルタF（例：コモンモードチョークコイルやフェライトコア）を挿入します。

ケーブルに流れる信号電流とコモンモードノイズ電流

要点BOX
- ケーブルには大きなループアンテナと大きなコモンモードノイズ源ができるので配線構造とフィルタの挿入が重要

ケーブルの信号成分からコモンモードノイズ電流が発生する

配線を接近させる

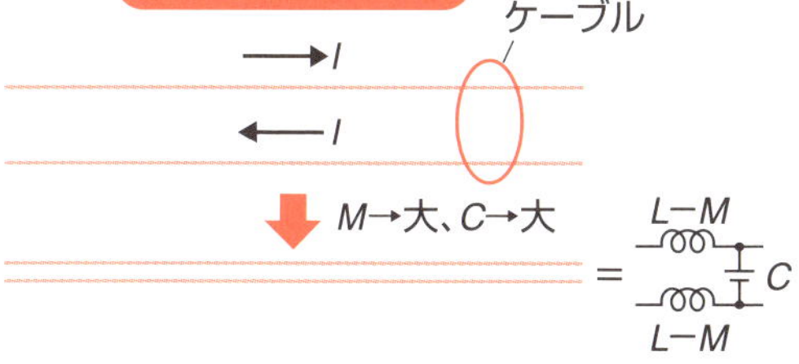

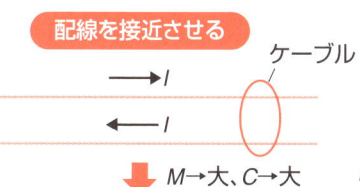

$\longrightarrow I$

ケーブル

$\longleftarrow I$

⬇ $M→大、C→大$

$= \begin{matrix} \underset{L-M}{\overset{}{\text{∽∽}}} \\ \underset{L-M}{\overset{}{\text{∽∽}}} \end{matrix} \vert C$

信号の高調波成分を減衰させる

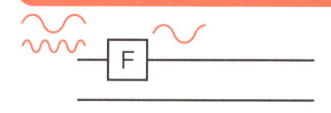

—[F]—

信号電流の一部がコモンモードノイズ電流となる

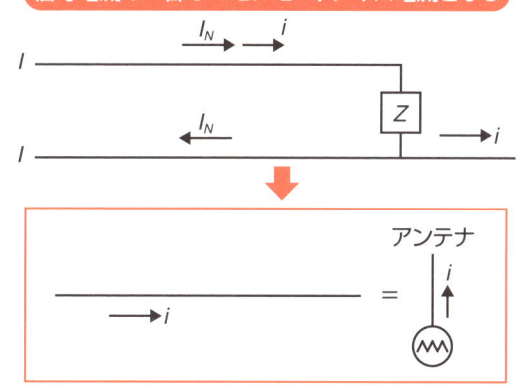

$I \longrightarrow \quad \overset{I_N}{\longrightarrow} \overset{i}{\longrightarrow}$

$I \longrightarrow \quad \overset{I_N}{\longleftarrow} \quad [Z] \longrightarrow i$

⬇

アンテナ

$\longrightarrow i \quad = \quad \uparrow i$

ケーブルにコモンモードノイズ電流（内部と外部）が流れる

配線を接近させる

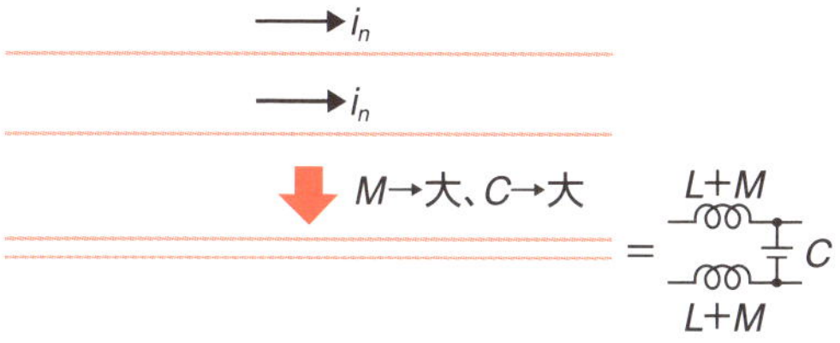

$\longrightarrow i_n$

$\longrightarrow i_n$

⬇ $M→大、C→大$

$= \begin{matrix} \underset{L+M}{\overset{}{\text{∽∽}}} \\ \underset{L+M}{\overset{}{\text{∽∽}}} \end{matrix} \vert C$

コモンモードノイズ電流を流しにくくする

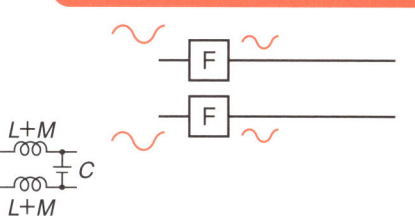

—[F]—

—[F]—

39 コモンモードノイズを低減する方法とケーブルの選び方

コモンモードノイズフィルタと理想ケーブル

コモンモードノイズフィルタとして代表的なものにコモンモードチョークコイル、フェライトコアがあります。その他にも例えば、①のようにキャパシタ C を挿入すると低周波のコモンモードノイズ電流が低減する、②の差動回路は2本の配線が等しいインピーダンスを持つ差動伝送（平衡回路）方式で用いられ、+端子と-端子でコモンモードノイズ電流を相殺することができます。③のように経路を絶縁する方法で用いられるトランスは、信号成分を磁束に変換し、磁束から電気信号へと逆変換する、フォトカプラは、信号成分を光に変換し、光から電気信号へと逆変換するため、両方式ともコモンモードノイズ成分は絶縁されるため伝送されない。これらすべての方法は回路の平衡度のアンバランス、ストレーキャパシタンスなどにより低減効果は異なったものとなります。コモンモードノイズ電流を低減するには上記の一つ又は二つの方法を組み合わせて使用することもできます。次にツイストペアケーブルを一方をGNDで使用する場合（不平衡）、電界と磁界が空気中に出ているために放射ノイズの低減には効果は少ないが、外部から受信する放射ノイズ磁界 H_n（♀）が紙面表から紙面裏に向けて⊗方向に照射されると、ループ内には磁束⊗の変化を妨げる方向にループに電界 E_n が発生し、隣同士のループでは逆方向となり打ち消されるのでノイズ低減に効果があります。

シールドケーブルを使用すると電界 E と磁界 H は信号線とシールド（リターン）の間に閉じ込められ、また信号線がシールドで被覆されているため相互インダクタンス M は最大となるので放射ノイズが少なく、外部からのノイズ電流の影響も受けにくくなります。ツイスト付シールドケーブルは平衡回路、不平衡回路で使用され、シールド部分は信号のGNDラインや筐体（フレーム）に接地するケースがあります。

要点BOX
- ●コモンモードノイズ低減はインピーダンスを大きくする、回路を平衡化する。シールドケーブルや同軸ケーブルが理想

コモンモードノイズフィルタの種類

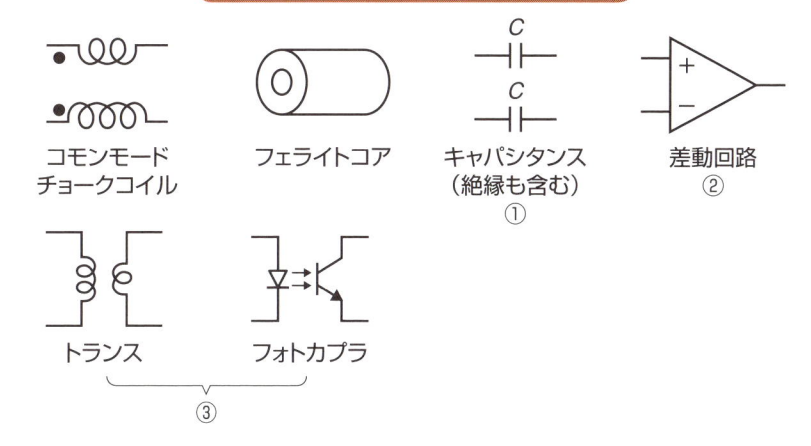

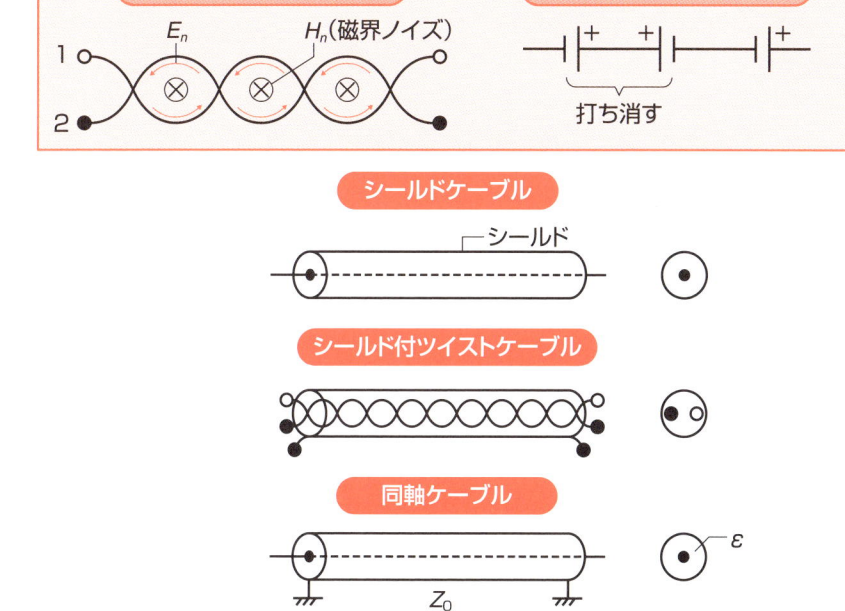

- コモンモードチョークコイル
- フェライトコア
- キャパシタンス（絶縁も含む） ①
- 差動回路 ②
- トランス
- フォトカプラ
  ③

ツイストペアケーブル

ノイズ（磁界）を受けるとき　E_n　H_n（磁界ノイズ）

ループに生じる逆起電力　打ち消す

シールドケーブル

シールド

シールド付ツイストケーブル

同軸ケーブル

Z_0　ε

40 フェライトコアによってコモンモードノイズ電流を低減する

フェライトコアの等価回路

フェライトコアはコモンモードノイズ電流が流れる経路に挿入してインピーダンスを大きくします。今、内径 a、外形 b、長さ ℓ、比透磁率 μ のフェライトコアのインダクタンス L は①式のようになり、右辺はコアの磁性材料と大きさに関する項目になります。

これよりコアの比透磁率が大きく、内径に比べて外形寸法が大きいほど、長いほどインダクタンス L は大きくなります。ここでコアの内径 a を5mm、外形 b を10mm、長さ ℓ を30mm、比透磁率 μ_r を500として、インダクタンス L を計算すると、2.08μHです。

今、周波数を100MHzとすれば、これに対するインピーダンス Z は③のように1.3kΩとなり、コアをケーブルに挿入するとインピーダンスが1.3kΩ（Z_Fに相当）だけ高くなります。フェライトの比透磁率 μ_r は実数成分と磁化するときの遅れによる虚数成分 $(-j)$ を持っているため①式インダクタンス L は実数成分と虚数成分となります。インピーダン

ス $Z(j\omega L)$ を計算すると④式となり、抵抗 R とリアクタンス X がノイズ電流を熱エネルギーに変換し、インダクタ R がノイズ電流に対してインピーダンスを上げる働きをします。フェライトのインピーダンス特性のカーブの1、2、3はフェライトの巻き数を示し、1ターンに比べて2ターンはインピーダンスが4倍と巻き数の2乗で増えます。また2ターンと3ターンを比べると2ターンのときのピークとなる周波数 f_B は3ターンの巻き数のときのインピーダンスより高くなっています。3ターンの巻き数のときのピーク周波数 f_A 近辺のコモンモードノイズ電流を低減するには巻き数は3ターンでなく2ターンが適切であることを示しています。

> **要点BOX**
> ● 低減すべき周波数でインピーダンス特性が最大となるコアを選び最適の巻き数にする

フェライトコアの形状とインダクタンスL

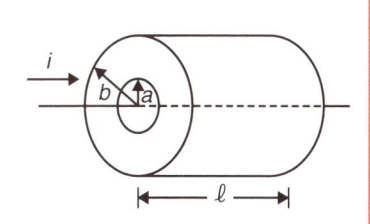

$$L = \frac{\mu}{2\pi} \cdot \ell \cdot \ln\left(\frac{b}{a}\right) \quad \mu = \mu_0 \mu_r$$
$$\mu_0 = 4\pi \times 10^{-7} [\text{H/m}]$$
$$= \underbrace{2 \times 10^{-7} \mu_r}_{\text{磁性材料}} \cdot \underbrace{\ell \cdot \ln\left(\frac{b}{a}\right)}_{\text{コアの大きさ}} [\text{H}] \quad \cdots\cdots ①$$

例) $a = 5\text{mm}$, $b = 10\text{mm}$
  $\ell = 30\text{mm}$, $\mu_r = 500$
  $L = 2.08\mu\text{H}$ $\cdots\cdots ②$

$f = 100\text{MHz}$に対するインピーダンス Z
$Z = 2\pi f L = 1.3\text{k}\Omega$ $\cdots\cdots ③$

フェライトのインピーダンス

$Z = R + jX$ $\cdots\cdots ④$
$|Z| = \sqrt{R^2 + X^2}$

R: ノイズ電流を熱に変える
X: ノイズ電流に対してインピーダンスが高くなる

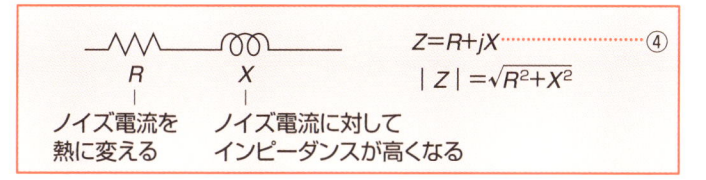

フェライトのインピーダンス特性

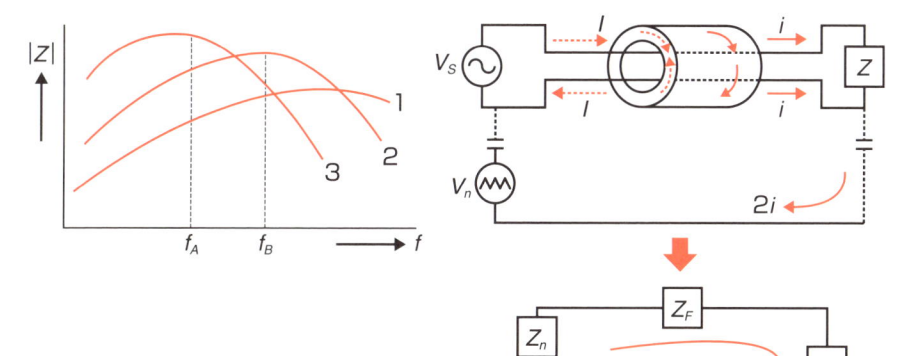

ケーブルにフェライトコアを挿入

●第6章 コモンモードノイズ源とケーブルのノイズ対策

41 シールドケーブルと同軸ケーブルは放射ノイズと受信ノイズに優れている

シールドケーブルや同軸ケーブルのように芯線がシールドで囲まれているような伝送路は特に高周波成分の放射ノイズが少なく、ノイズの影響も受けにくい優れた特徴を持っています。今、信号線1に電流 I が流れ、負荷 Z を経由してシールド2をリターンするとき、信号線1から発生するプラスの電荷とリターンのシールド部分に発生するマイナスの電荷によって発生する電界を合成すると電界は信号線とシールドの部分だけに閉じ込められ漏れない。一方信号線1に流れる電流による磁界とシールド2にリターンする電流によって生じる磁界の方向が逆となり打ち消されシールドの外部の磁界の方向が逆となり打ち消されシールド内部のみに存在します。このように理想的であるが、送信側と受信側でシールドの処理が悪いと、この条件から大きく外れるのでコモンモードノイズ源が発生してノイズが放射されることや空間からの電磁波ノイズを拾いやすくなり、シールド部

を流れてくるノイズが信号線に誘導されるなど EMC性能が大幅に低下します。
　シールドは抵抗成分 R とインダクタンス成分 L からなり、低周波電流に対して抵抗成分 R による影響が大きく、抵抗最小の経路、つまりシールドの断面積が最大の部分を流れてリターンします。これに対して高周波電流はインダクタンス L による影響が大きく、インダクタンス最小の経路、これが信号がリターンするループのインダクタンスが最も小さくなるシールドの内側を流れます。高周波電流が流れるときの表面からの流れ方の深さを表皮効果と呼び、これが高周波電流の流れ方を示し、表皮深度 δ $(66/\sqrt{f})$ $[\mu m]$ を計算すると周波数1MHzでも表皮深度 δ は66 μm となります。これらはシールド部分だけでなくプリント基板で高周波信号がリターンする電源やGND、他の部分についても言えます。

要点BOX
●シールドケーブルは電界と磁界を閉じ込め、相互インダクタンス M が最大、高周波電流はシールドの内部を流れる

電界と磁界の閉じ込め、高周波電流はインダクタンス最小の経路を流れる

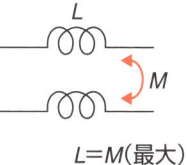

シールドケーブルや同軸ケーブルに閉じ込められる電界と磁界

$L = M$（最大）

電界の分布（外部は打ち消し内部のみ）

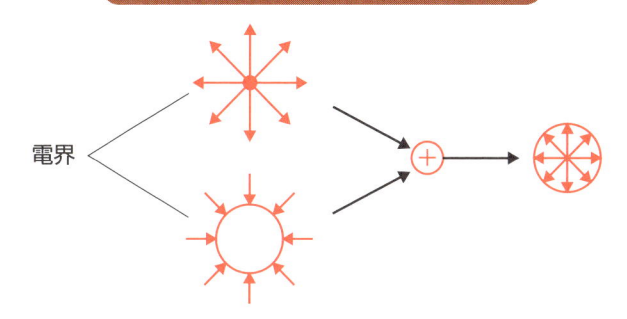

電界

磁界の分布（外部は打ち消し内部のみ）

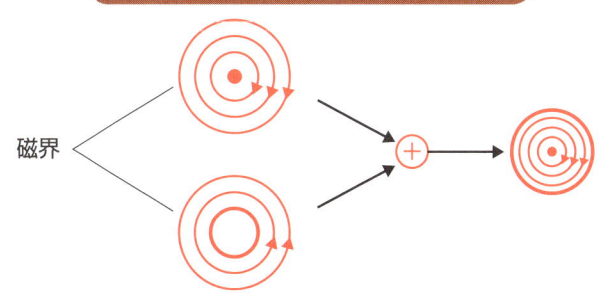

磁界

シールドを流れる低周波電流と高周波電流の違い

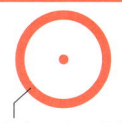

高周波電流の流れ方
インダクタンス最小（内側）の経路

低周波電流の流れ方
抵抗最小（面積最大）の経路

$R \quad j\omega L$

42 シールドの端末処理が悪いと放射ノイズもノイズ受信も多くなる

シールド性能を最大に発揮するためにはシールド線は送信側でも受信側でも信号線がすべてシールドで覆われている状態が必要です。今、端末処理が悪い例として負荷Zの近くでシールドを1本の線に束ねて細く、長く接続するとインダクタンスLが大きく、相互インダクタンスMが小さくなります。信号電流成分が負荷ZをリターンしようとするがインダクタンスZが大きく、高周波成分ほどリターンしにくくなり、他の部分に流れていきます。その結果、シールドケーブル自体にもコモンモードノイズ電流iが流れノイズが放射されます。次に外部からノイズ電流iが流れると、シールド2には逆起電力L・di/dtと抵抗Rによる電圧降下R・iが発生し、シールド2から信号線1にはM結合による誘導電圧はM・di/dtが発生し、負荷Zの両端に発生するノイズ電圧V_nは①式となります。シールド2を流れるノイズ電流による磁力線はすべて信号線1を貫くとL

= Mとなるので、その結果負荷に発生するノイズ電圧$V_n = -R・i$となり高周波成分による影響がなくなります。このノイズ電流による影響を最小にするためには、入力部にコモンモードチョークコイルを入れてインピーダンスを高くする方法と、低周波ノイズ電流の場合はシールドの抵抗成分Rを最小にすることです。このためにはシールド部分が厚く、ち密に編組され、外形が大きいほどよくなります。高周波成分についてはシールド部分から負荷端まで信号線1がシールド2にすっぽりと囲まれている状態（360度）を維持することです。シールド部分の端末処理が悪いと①式の右辺の前項においてL≡Mとはならないので負荷Zに発生するノイズ電圧は大きくなります。また、この処理部分では大きなループとなるので放射ノイズだけでなく外部から侵入する磁界波によってループ内にノイズ電圧がより多く生じます。

要点BOX
● 端末処理が悪いとインダクタンスLが大きく、相互インダクタンスMが小さくEMC性能が劣化する

インダクタンスLと相互インダクタンスMが変化するとEMC性能に影響

端末処理が悪いと放射ノイズも多くなりノイズ受信量も多くなる

インダクタンスによって高周波信号がリターンできない

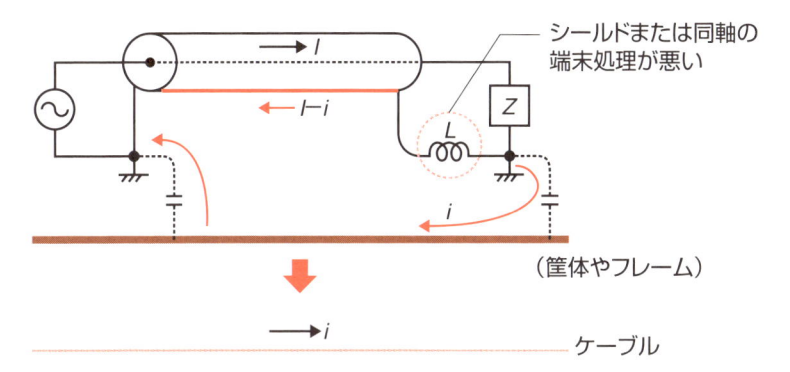

シールドまたは同軸の端末処理が悪い

（筐体やフレーム）

ケーブル

シールド部にノイズ電流 i が流れたとき

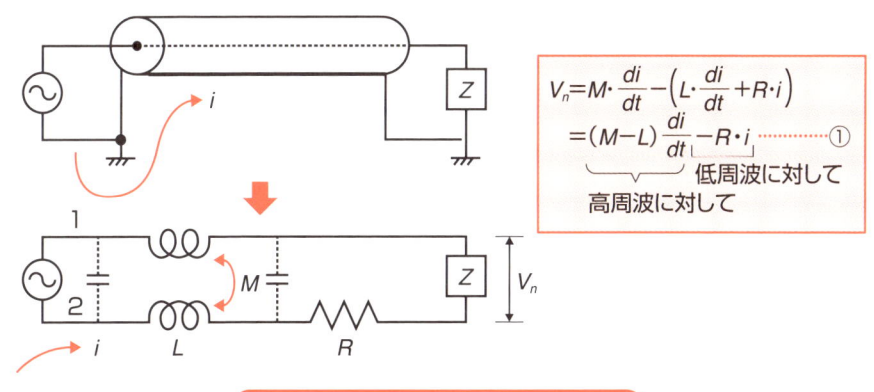

$$V_n = M \cdot \frac{di}{dt} - \left(L \cdot \frac{di}{dt} + R \cdot i\right)$$
$$= (M-L)\frac{di}{dt} - R \cdot i \quad \cdots\cdots\cdots ①$$

高周波に対して　低周波に対して

外部からノイズ電流が流れたとき

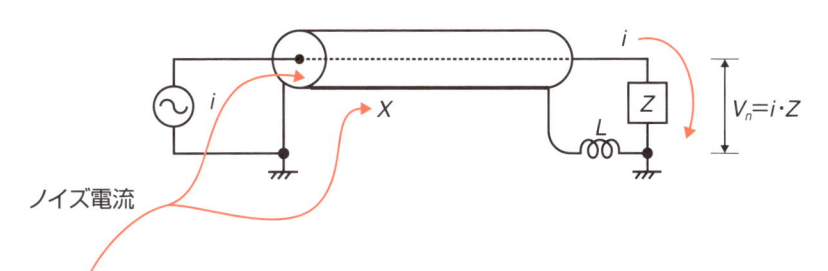

$V_n = i \cdot Z$

ノイズ電流

Column

EMCの基本式は $V_n=(L-M)dI/dt$ である

ノイズ源（特定回路）、伝搬経路、受信部ともすべてEMCの基本式に従って設計する。ノイズ源 V_n の基本要素はインダクタンス L、相互インダクタンス M、電流の立上り dI/dt の三つのパラメータとなり、①式となります。

①式から V_n を最小にするためには、L 最小、M 最大、dI/dt 最小の条件となります。

ノイズのエミッションでは L は配線を短く、幅広くすれば最小となり、M は配線を近づける、包むことにより最大となり（電界と磁界の閉じ込め）、信号の立上り dI/dt を最小にする。その結果、ループ面積が小さくなるためループアンテナの放射効率が最小となり、またループから押し出す力 V_n（モノポールアンテナの起電力）が最小となります。イミュニティでは電界による影響は長さが短くなると小さい。M は幅広の配線を接近、配線を包むと最大になり、空間からのノイズが侵入しにくくなります。また伝導ノイズに対して、M が大きくなると配線間のインピーダンス C が増加）配線間に等しいノイズレベルが誘導される方向（平衡化）となります。

●回路設計の基本式

$V = I \cdot Z$

●AとBを結ぶEMCの基本式（構造式）

$$V_n = (L-M) \cdot \frac{dI}{dt} \quad \cdots\cdots\cdots ①$$

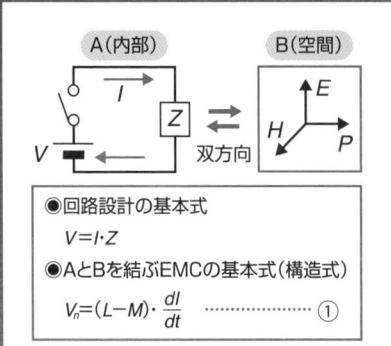

第7章

電子部品、実装、プリント基板レイアウト

43 抵抗、インダクタの特性を知って最適な実装をする

抵抗には長さによるインダクタ成分 L と端子間のキャパシタ成分 C があります。今、抵抗 R に C が並列に入った回路のインピーダンス特性は周波数が低いところは R によって決まり、周波数が $1/2\pi CR$ のところで 3 dB 低下して、それより高い周波数では周波数が 2 倍になるごとに 6 dB 低下します。この折点周波数を高くして高い周波数範囲まで使用できるようにするためには抵抗 R が小さいものを使用するか、実装を含めて C 成分を最小にしなければならない。ノイズ受信を少なくするために抵抗を使う場合もこの C 成分によって効果が低下してしまう。

ノイズ対策としての抵抗は、電流を制限するためのフィルタとして、共振現象を抑えるダンピング抵抗として、外部ノイズから IC を保護するための保護抵抗として使用されます。抵抗（チップ部品）をプリント基板に実装する場合、C 成分を最小にするために抵抗の両端のパターンが向かい合う面積は最小にする。

する。抵抗と同様にインダクタも L と C の並列回路となり、周波数が低いところでは C のインピーダンスは大きく、高くなると小さくなるので L のインピーダンスに影響を与え、L と C で決まる並列共振周波数 $1/2\pi\sqrt{LC}$ でインピーダンスが最大になります。インピーダンスを大きくしてノイズ電流を阻止するような用途では C による影響が大きくなります。高周波までインピーダンスを大きくするためにはこの並列共振周波数を高い領域に持っていく、そのためには部品端子間の対抗する面積が最小になるように細く、短くして C 成分を小さくするか、L が小さい部品を選ぶことです。L が小さいほど並列共振周波数は高くなり、高い周波数範囲のノイズ電流に対してインピーダンスが大きくなります。図のようにインダクタンス値の異なるものを直列に接続するとインピーダンスが大きくなる周波数範囲を広げることができます。

> **要点BOX**
> ●抵抗とインダクタはストレーキャパシタンスの影響で周波数特性が劣化する
> ●実装はストレ成分を最小にする

抵抗とインダクタの周波数特性、ストレーインダクタンスを最小にする最適実装

抵抗の周波数特性と実装方法

抵抗にストレーキャパシタCがある

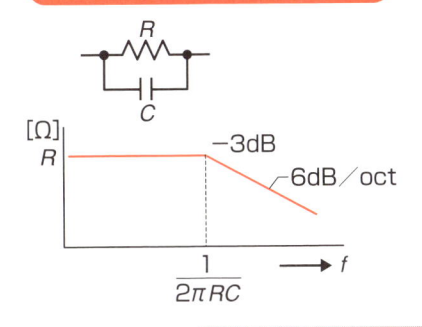

$\frac{1}{2\pi RC}$

$-3dB$

$-6dB/oct$

抵抗の実装パターン

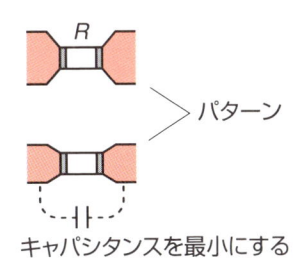

パターン

キャパシタンスを最小にする

インダクタの周波数特性と実装方法

インダクタにストレーキャパシタCがある

$\frac{1}{2\pi\sqrt{LC}}$

インダクタの実装パターン

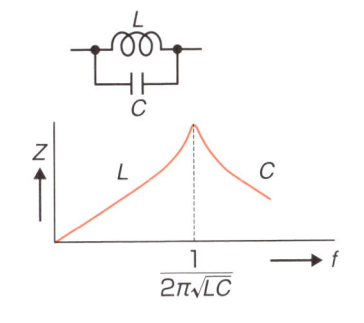

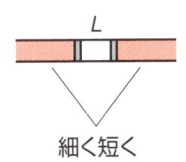

細く短く

二つのインダクタを直列に接続

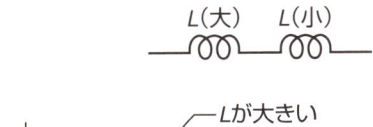

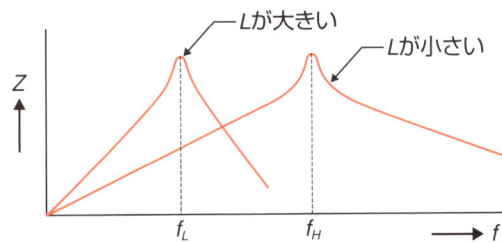

L(大)　L(小)

Lが大きい

Lが小さい

f_L　f_H

44 キャパシタの特性を知って最適な実装をする

キャパシタの周波数特性、ストレーインダクタンス（ESL）を最小にする

実際のキャパシタには金属部分の抵抗成分 r と配線の長さのインダクタンス成分 L による直列回路となります。インピーダンス特性は低い周波数ではキャパシタンス C により、直列共振周波数 $1/2π\sqrt{LC}$ で最小の抵抗成分 r に等しく、これより高い領域では L 成分によって上昇します。この L 成分はキャパシタンスから電荷を供給する場合やノイズ電流をバイパスする場合に、電流の流れを妨げます。よく使用される0.1μFキャパシタの L 成分を10nHとしたときには直列共振周波数は5.03MHzとなり、1nHのとき、周波数200MHzに対するインピーダンス $Z(jωL)$ を計算すると12.6Ωとなります。

このキャパシタに200MHzで10mAのノイズ電流が流れるとすれば、ノイズによる電圧降下は126mV（0.12V）と大きく、インピーダンスを広い周波数範囲まで低くするためにはこの L 成分をできるだけ小さくして直列共振周波数を高くしなければならない。その方法には同じ値のキャパシタを2個並列に接続すると、共振周波数は変化しないで全体のインピーダンス特性を1/2に、抵抗 r を1/2、キャパシタンス C を2倍、L 成分を1/2とすることができます。キャパシタ C は高周波の信号電流が流れるループを短くする働きをして不要な高調波成分をGNDに流す、他のICの電源から流れる電流とのカップリングをなくすなどコモンモードノイズ電源の大きさを低減する、外部からのコモンモードノイズ電流をバイパスする機能など多くの重要な働きをします。

チップ部品のキャパシタンスを実装する際、パターンの対向する幅は広く、パターンの引き出しは最も短くする。2個並列にする場合は、電流が同じ方向に流れるため M 成分が大きくなるので離さなければならない。

要点BOX
●キャパシタは電気力線を集中して集めようとするが、インダクタンス成分があると邪魔される

キャパシタの周波数特性と実装方法

キャパシタにストレーインダクタLがある

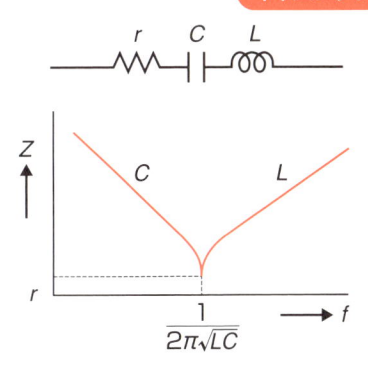

例) $C=0.1\mu F$ に ストレーインダクタ$L=10nH$

$$f=\frac{1}{2\pi\sqrt{LC}}=5.03MHz(L=10nH)$$
$$=16MHz(L=1nH)$$
$$Z=2\pi fL=12.6\Omega(at\ 200MHz)$$

キャパシタの実装パターン

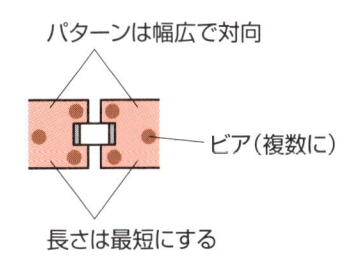

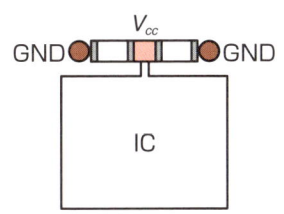

パターンは幅広で対向
ビア(複数に)
長さは最短にする

高調波電流の最短ループ化

ノイズ電流の浸入防止

ノイズ電流のバイパス

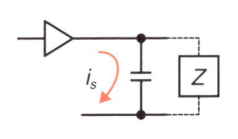

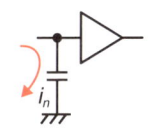

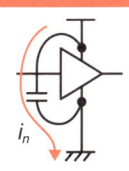

電源電流のデカップリング

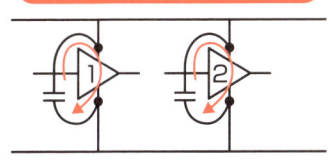

2個並列

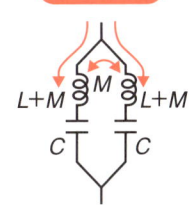

$L+M$　M　$L+M$
C　　C

●第7章 電子部品、実装、プリント基板レイアウト

45 EMC性能を考慮してICを選定する

EMC性能はクロックの変化の速さ、スイッチング電流の大きさが重要

ICに信号を入力すると出力信号は規定のレベルに立上り、ゼロレベルまで立下るには一定の時間を要します。この立上り、立下り時間t_fは通常パルスの最大値の10％から90％までの時間と定義され、この時間が短いICほど高速応答ができます。

高速ICの回路ループには高周波の電流が多く流れ、コモンモードノイズ源$L \cdot di/dt$も大きくなります。EMC設計では電子回路が意図した目的の機能・性能を考慮して、できるだけ応答速度の遅いICを使うことが重要です。高速応答のICは受信したノイズに対しても敏感に反応します。その他の特性には信号入力から出力までの時間遅れt_{pLH}があり、高速に応答するICほど短くなり、信号のタイミング設計をする場合にも重要な特性です。次にEMCで重要なICのスイッチング性能があります。これはIC内のPチャネルMOSトランジスタとNチャネルMOSトランジスタが同時にスイッチングするタ

イミングでICの電源からGNDに電流が流れます。このスイッチング電流が多いと電源回路のループを流れる電流が大きくなるためにループからの放射ノイズが多くなることやコモンモードノイズ源も大きくなってしまいます。このスイッチング電流はICのデータブックには通常掲載されていないので自ら測定する必要があります。測定した結果、電流の波高値や高周波のスペクトルができるだけ小さいものを選ばなければならない。実際のICを使用すると電源端子aからのパターン幅や長さによるL_1成分、GND端子bからGのL_2成分があります。この他にもIC内部のボンディング、配線によるL_aやL_b成分、入力部や出力部と電源端子a、GND端子b間のC成分が存在します。これらの成分も小さいほどよい。

要点BOX
- ●スイッチング電流が大きいほどコモンモードノイズ源は大きくなる
- ●高速ICほどEMC性能は悪くなる

ICのEMC性能に影響する特性

立上り時間

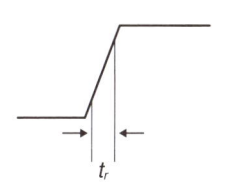

t_r

伝搬遅延時間

t_{pLH}

スイッチング電流特性

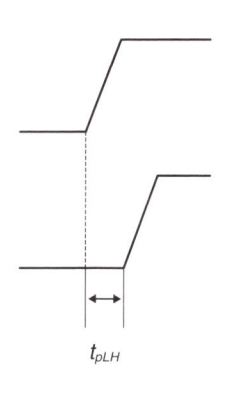

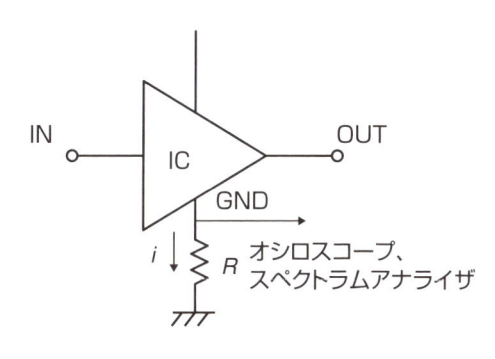

オシロスコープ、スペクトラムアナライザ

回路図のIC

実際の等価回路

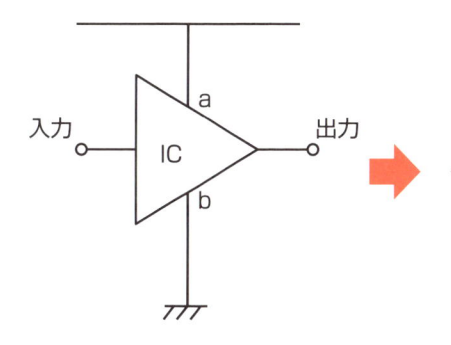

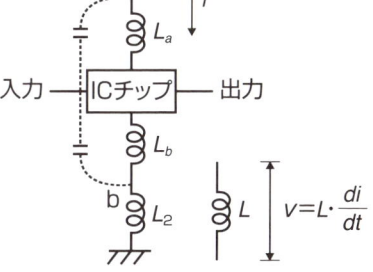

$v = L \cdot \dfrac{di}{dt}$

46 電界と磁界を最大に閉じ込めるようICを実装する

IC（例：A／DコンバーターIC）内では電荷が振動することによって電界 E が、この電荷変動が電流となり磁界 H が発生します。ICにプラスの電荷とマイナスの電荷が発生するので、プラスとマイナス電荷は最小の距離まで近づけることが必要です。ICにプラスの電荷が発生するので、プラスとマイナス電荷は最小の距離まで近づけることが必要です。ICチップを、裏面にできるだけ広い面積のGNDパターンにすることによって電界 E と磁界 H を閉じ込めることができます。ICが実装されている基板側の直下にほぼICと同じ面積のベタGNDのパターン（数点のビアで接続）を作るとさらに電界と磁界が高密度で閉じ込められます。高速に動作するICはすべて同じ考え方が適用できます。ICが実装されている基板の表の周辺もGNDパターンで囲むことができるならばより効果的です。ICの高速配線の周辺もGNDパターンをガードすることによって電界 E と磁界 H を閉じ込めることができます。ICの周辺をGNDパターンで塗りつぶすときにICからの高速信号 S とGNDパターンはキャパシタンスで結合しているので漏れた信号電流 i がICのGND端子まで流れこむとGNDパターンのA点からG点までの長さが $\lambda/4$ に相当する周波数で並列共振するためにGNDパターンのインピーダンスが非常に高くなります。そのため放射ノイズレベルが高くなると同時に外部からのノイズの周波数が共振周波数に一致するときにノイズを吸収してICの動作に影響を及ぼすことになります。こうした状況を避けるために表のGNDパターンと基板の裏面のGND間を $\lambda/20$ 以下の長さになるよう多点で接続することが必要となります。このように電界 E と磁界 H を閉じ込めることはキャパシタンス成分 C を大きくして、インダクタンス成分 L を小さくすることと等価になります。

> 電界はキャパシタンス C を大きくして閉じ込め、磁界はインダクタンス L を小さくして閉じ込める

要点BOX
● 電界を閉じ込めるには＋と－電荷間のキャパシタンス C を最大に、磁界を閉じ込めるには磁力線が入る面積を最小にする

基板への実装方法

基板断面

IC直下にベタGND

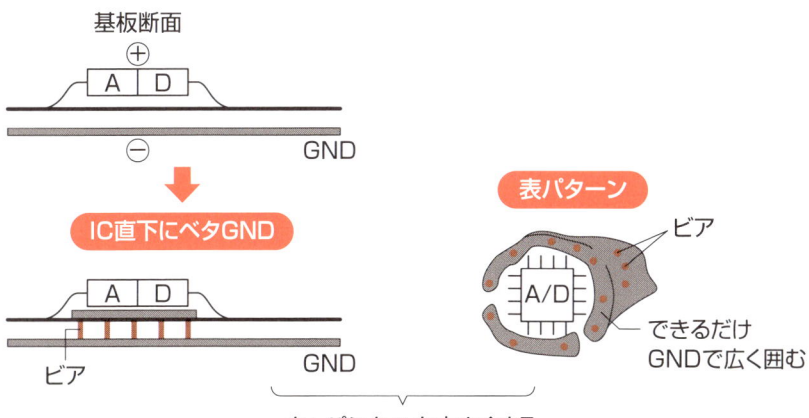

表パターン
- ビア
- できるだけGNDで広く囲む

キャパシタ C_D を大きくする

さらに C_D を大きくするには

低背でシールドする
- シールド

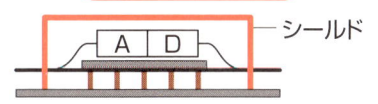

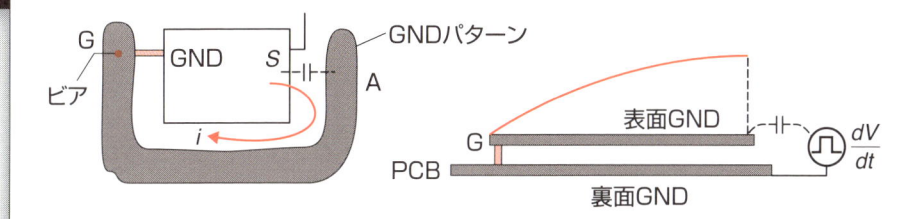

- G, ビア, GND, S, A, i, GNDパターン
- 表面GND, 裏面GND, PCB, G, $\dfrac{dV}{dt}$

表面GNDパターンを裏面GNDと多点接続する
- G, V_n, GND, ビア

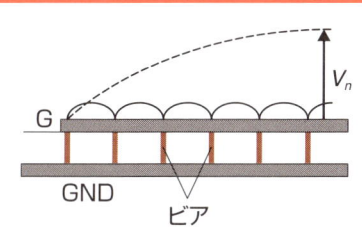

113

● 第7章　電子部品、実装、プリント基板レイアウト

47 レイアウトは信号ループを最短、プラス電荷とマイナス電荷の結合を最大にする

信号ループのインダクタンスの最小化、信号とリターン間の相互インダクタンスMの最大化

プリント基板にはさまざまな電子部品が実装され、相互配線によって機能・性能が実現される。部品実装やレイアウトするとき、電子部品の配置から配線、レイアウトのすべてがEMC性能に直接影響を及ぼします。これまでは抵抗、インダクタ、キャパシタ、ICなど個別にはどのように実装すればよいかについて述べてきました。ここでは裏面がGNDパターンの両面基板で考えます。

高速動作するICはエネルギーが多く、放射ノイズも多くなるので電界Eと磁界Hを最大にICとプリント基板間に閉じ込めるためにIC直下をベタGNDにする。電子部品の接続を行う配線は原則として最短にしてリターン経路を確保する（ループインダクタンス最小）。次に高速IC（記号H）と高速ICはまとめて小さな領域に、しかも基板中央近くに配置して、配線①の長さはGNDパターンで囲む。その結果、高速ICからの放射ノイズ、コモンモードノイズ電流、クロストークが最小になる。高速ICと低速IC（記号L）の配線も短えない。高速ICと低速IC（記号L）の配線も短えない。高速ICと低速ICの配線形状を変必要に応じてガードして配線形状を変えない。

く配線する。そこで高速ICと低速ICとの信号のやり取りは②のように高速ICと低速ICの配線をまとめて最短経路にする。高速信号線は常に短くリターンさせ、長く引き回さない。基板周辺には低速のICを配置し、配線③が長くなる場合はインピーダンスマッチングをします。ICの配置は、高速ICを基板中央付近、中速動作するIC、低速動作のICという順が理想ですが、高速動作のICだけ基板の内側に配置する。高速IC1と高速IC2が接近して配置されるとIC間にはストレーキャパシタによる電界結合が生じるので、IC1とIC2内の信号による電界と電荷との結合をIC直下GNDパターンを配置することによってさらに小さくすることができます。必要に応じてICの周辺をIC（記号H）と高速ICはまとめて小さな領域に、

要点BOX
- ●電界と磁界の閉じ込めはキャパシタンスCを最大にする
- ●配線はいつも最短のリターン

基板の中央がキャパシタンス最大、インダクタンス最小

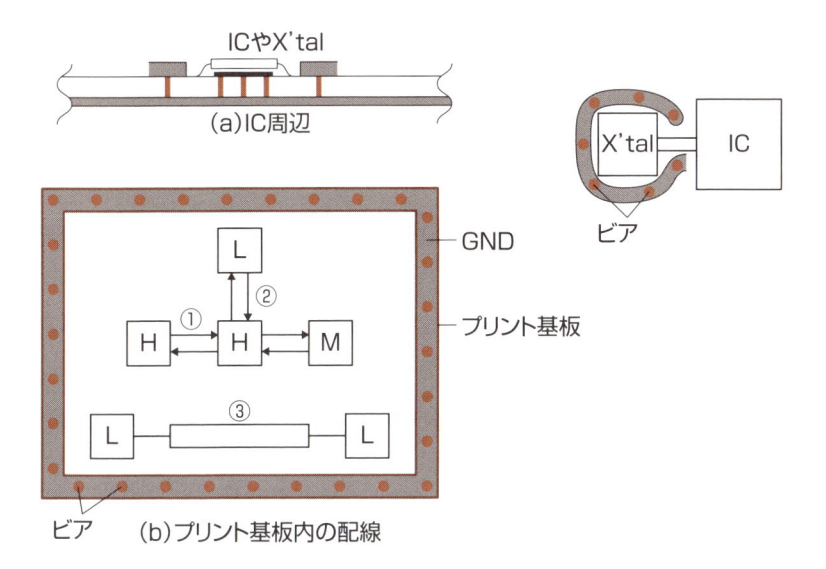

(a)IC周辺 ICやX'tal

(b)プリント基板内の配線
GND / プリント基板 / ビア

X'tal — IC / ビア

IC間の結合容量 C_S を小さくするには

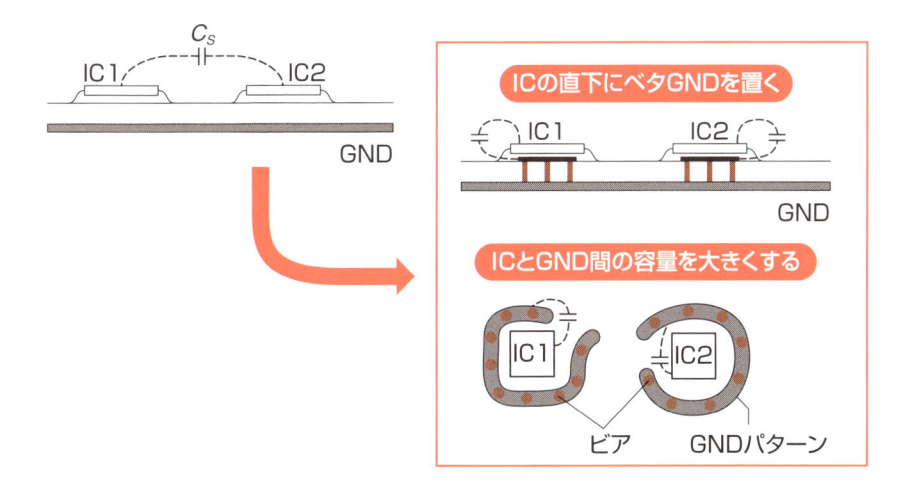

IC1 — C_S — IC2 / GND

ICの直下にベタGNDを置く
IC1, IC2 / GND

ICとGND間の容量を大きくする
IC1, IC2 / ビア / GNDパターン

48 S/Nの低下を防ぐA/Dコンバータ一CPの最適な実装方法

アナログ部へ流れるデジタル成分の最小化

A/DやD/Aコンバータはデジタル機能とアナログ機能がICの中に分離して配置されています。デジタル部は高速で動作するノイズ源であり、アナログ部は静かに動作する。それらには C 結合があり、デジタル部の電圧変化 dV/dt が C 成分を通してノイズ電流となってアナログ部に流れ込みます。A/Dコンバータにはデジタル回路の電源端子 V_D、GND端子 G_D、アナログ回路の電源端子 V_A、GND端子 G_A があります。今、A/DコンバータのGNDに着目すると、アナログ部AからGND端子 G_A まではIC内部のパターンやボンディング配線によるインダクタンス成分 L_A があり、アナログ部AとデジタルD部はキャパシタ C_S によって結合している。デジタル部Dでも同じようにGND端子 G_D までは同様にインダクタンス成分 L_D があります。今、アナログGND端子とデジタルGND端子が共通に接続されていると、デジタル回路から流れ出す電流 i はデジタルGNDに流れ①の

電圧は $L_D \cdot di/dt$ と上昇して、この電圧が C_S を通して、アナログ回路のインダクタンス L_A に流れ込み②の電圧は $L_A \cdot di_n/dt$ だけ高くなります。このノイズ電圧によりアナログ部のS/Nは低下する。このノイズ電圧を小さくするには、デジタル部に発生する①のノイズ電圧を小さくする、その方法としてデジタル回路部と回路GNDとの間に存在するキャパシタ C_D を最大にしてデジタル回路部からの電流 i_d を多くして①点のノイズ電圧レベルを小さくする。そのためにICの直下をベタGNDにすれば C_D を最大にでき、さらにICの上部も低背でシールドすれば C_D が増大してノイズ電流が少なくなります。デジタルGNDとアナログGNDが細い線や別々に処理するとGND端子間 G_D と G_A にはインダクタンス L_{GA} が生じ、ここを流れる電流によってノイズ電圧 V_n が発生し、GNDを励振する波源となる。

要点BOX
●デジタル部とGND間のキャパシタンスを最大にして、デジタルGNDとアナログGNDはIC直下でベタGND接続

A／DコンバーターS／N低下

アナログGNDとデジタルGNDに注目

このC_Dを最大にして
インピーダンスを最小にする

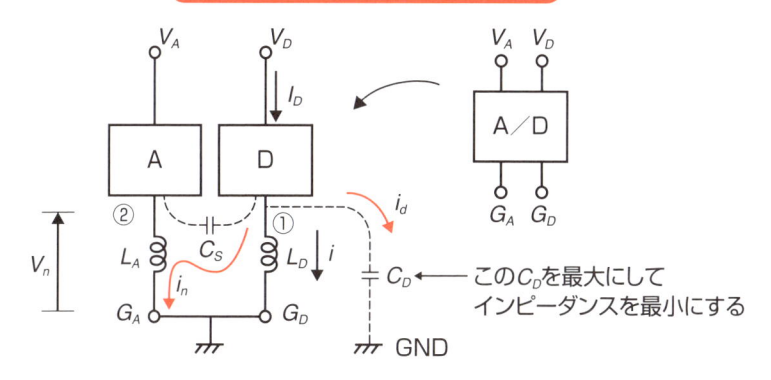

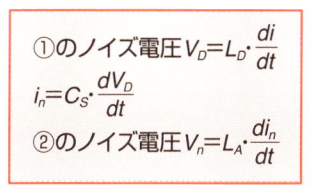

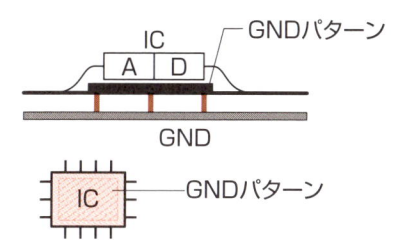

①のノイズ電圧 $V_D = L_D \cdot \dfrac{di}{dt}$

$i_n = C_S \cdot \dfrac{dV_D}{dt}$

②のノイズ電圧 $V_n = L_A \cdot \dfrac{di_n}{dt}$

GNDパターン

GNDパターン

アナログGNDとデジタルGND間のインダクタンスの作用

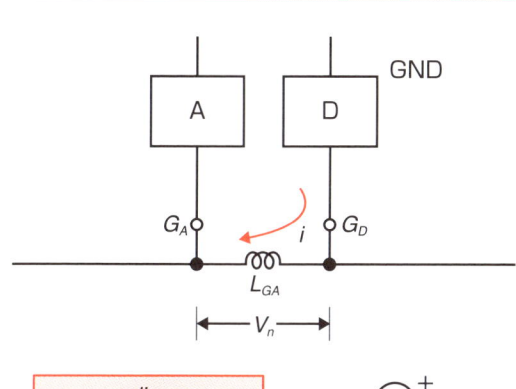

$V_n = L_{GA} \cdot \dfrac{di}{dt}$ ……③

49 スリットによるEMCへの影響を最小にする

> スリットに流れる電流は遠回りする、ループが大きくなり放射ノイズが増える

プリント基板の中にデジタル回路とアナログ回路がありこれらの間が部分的に導体でつながっている部分がありますが、スリットで分離されている部分があるときにデジタルーCからアナログーCに配線①にて信号が送られ、そのリターンはスリットがあるために遠回りして②の経路でリターンします。このようなケースではリターン経路が長く大きなループ面積となるためループからの放射とコモンモードノイズ源がスリットを通らないようにする。配線はリターンがスリットを通らない最短のループとなります。

スリットがあると低周波信号は遠回りをするが、高周波電流はスリット間に変位電流として流れ、電界と磁界が空気中に出るので電磁波が放射されるのでスリットがない方がよいと言えます。このスリットについて小さく分割して導体部分の幅を広くし、電流が流れる方向の長さを短くするほどリターン電流は小さなループを流れます。

スリットから放射されるノイズはスリットの両端がGNDで最小の電位で中央部がもっとも高い電位となった波が分布したときに、$\lambda/2$アンテナになったときに最大に放射されます。スリットの長さをℓとすれば$\lambda/2=\ell$となる周波数を求めると、$v=f\lambda$より最大に放射される周波数fは$v/2\ell$となります。速度vを3.0×10^8[m/s]、スリットの長さを10cmとすれば周波数fは1.5GHzとなります。スリットの長さが$\lambda/2$のときの放射レベルを最大とすれば、スリットの長さを$\lambda/10$まで短くしたときには$20\log 1/5=-14$dBとなり最大値の-14dBだけ放射レベルが低下します。次にデジタル部で発生したコモンモードノイズ源V_nからのノイズ電流i_nはスリットを流れ、アナログ部のインピーダンスZ_SとZ_Gに応じて分流してアナログ部と筐体間のキャパシタを通して筐体に流れ、コモンモードノイズ源V_nへと戻ります。

要点BOX
●スリットを遠回りするとループインダクタンスLが大きくなり、スリットから空間に電磁波が漏れる

スリットのあるPCBによるEMC性能への影響

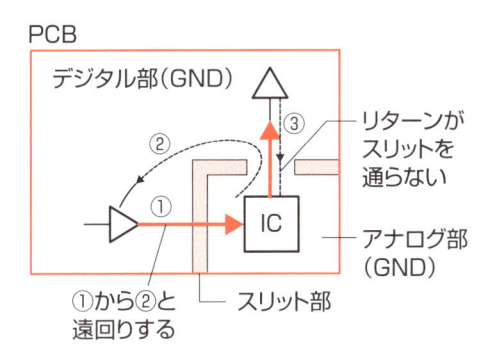

PCB
デジタル部（GND）
リターンがスリットを通らない
アナログ部（GND）
IC
①から②と遠回りする
スリット部

スリットをパターンが横切る

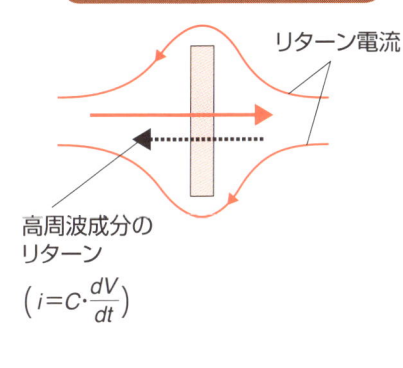

リターン電流
高周波成分のリターン
$\left(i = C \cdot \dfrac{dV}{dt} \right)$

小さなスリットに分割すると

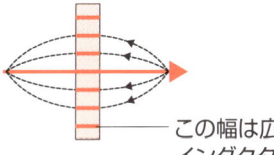

この幅は広く、短いほどインダクタンスは小さい

コモンモードノイズ電流の流れ方

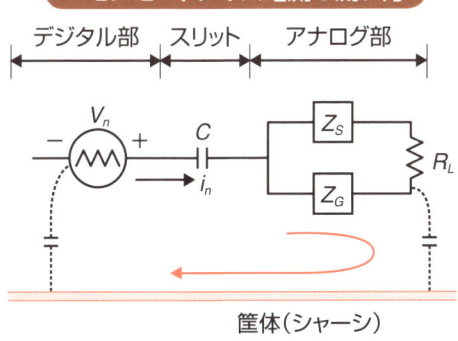

デジタル部　スリット　アナログ部

V_n, C, i_n, Z_S, Z_G, R_L

筐体（シャーシ）

スリットからの放射

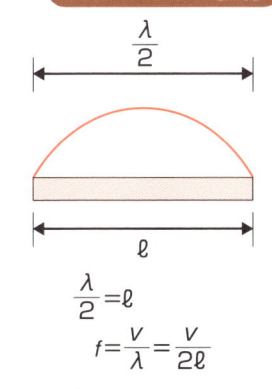

$\dfrac{\lambda}{2}$

ℓ

$\dfrac{\lambda}{2} = \ell$

$f = \dfrac{v}{\lambda} = \dfrac{v}{2\ell}$

Column

部品は力線の吸収箱であるが、理想的なものはない

抵抗（部品）は熱線を集中的に集める熱線吸収箱、配線は小さな熱線が分布している状態です。インダクタンス（部品）は磁力線を集中的に集める磁力線吸収箱、配線は小さなインダクタが分布している状態です。キャパシタンス（部品）は電気力線を集中的に集める電気力線吸収箱、配線と配線間には小さなキャパシタが分布している状態です。

部品の抵抗には抵抗の構造によって両端にキャパシタが並列に分布し、長さがあることによりインダクタが分布している。従ってある周波数のノイズをインダクタによって抵抗をバイパスしてしまう。部品のインダクタにはインダクタの構造（巻き線構造など）により、部品間にキャパシタンスが分布している。また長さがあれ

ばインダクタが分布している。従ってある周波数のノイズによる磁力線を部品の中に電磁エネルギーとして閉じ込めようとする（インピーダンスを大きくして流れを阻止しようとする）とキャパシタによって磁力線がバイパスされてしまう。

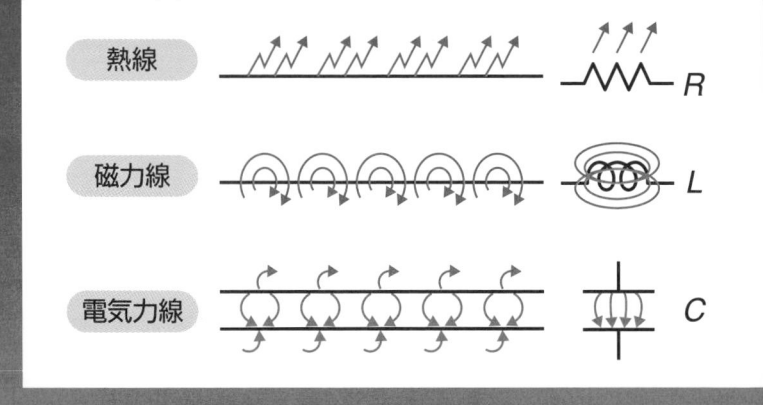

部品のキャパシタは配線間からの長さによるインダクタンスが分布している。部品を挿入して配線間に存在する電気力線をキャパシタの部品に閉じ込めようとする（インピーダンスを小さくして流しやすくする）と分布するインダクタンスによってその流れが阻止されてしまう。

熱線　〜〜〜〜〜〜　— R

磁力線　⌒⌒⌒⌒⌒　— L

電気力線　↑↑↑↑↑　— C

第8章

電子機器を
アンテナモデルで考える

●第8章　電子機器をアンテナモデルで考える

50 通信分野とEMC分野ではアンテナに対する考え方が逆

アンテナの送受信効率の考え方、通信分野とEMC分野で逆

通信分野には地上波デジタル放送を受信する地デジアンテナや衛星放送からの電磁波を受信する衛星受信アンテナ、携帯電話基地局のアンテナなどがあります。アンテナは伝えるべき情報を高周波信号に載せて必要な電力をロスなく、効率よく送信するための送信アンテナと送信された情報を小さな電力でも感度よく、受信するための受信アンテナがあります。EMCの分野では電子・電気機器から意図しないノイズが放射されるのは電子・電気機器がどこかに存在することになります。また、電子・電気機器がノイズを受けて誤動作や故障など起こることはノイズを受信しやすいアンテナが存在することになります。EMC分野においてもアンテナからの放射メカニズムや受信メカニズムに関する知識を得ることによって、通信の分野とは逆に、電子・電気機器システムの設計においてアンテナからの放射を少なくする方法

放射源の強度を下げる方法、受信アンテナの感度を下げる方法などを考えることができます。アンテナから電磁波を放射するためには放射源である高周波電圧（周波数 f）と長さのある金属線に電流が流れることが必要で、代表的なものに二つあり、一つはアンテナの形状がループ状になっているもので、ループアンテナと呼ばれます。もう一つには、アンテナ形状が線状のものでモノポールアンテナと呼ばれ、例えば、$\lambda/4$アンテナや$\lambda/2$アンテナ（λ：波長）があります。電子・電気機器で使用されているクロックの高調波成分の波長がケーブル、プリント基板上の信号配線、プリント基板の寸法と特定の関係になるとこれらがアンテナとなります。EMCのアンテナ設計では長さを持った部分にどれだけの電流を流すことができるか制御することは難しいが、流れる電流を最小にするには経路のインピーダンスを大きくすればよい。

要点BOX
●通信アンテナは送受信効率を最大にする、EMCではループアンテナとモノポールアンテナの送受信効率を最小にする

122

送信アンテナ / 受信アンテナ

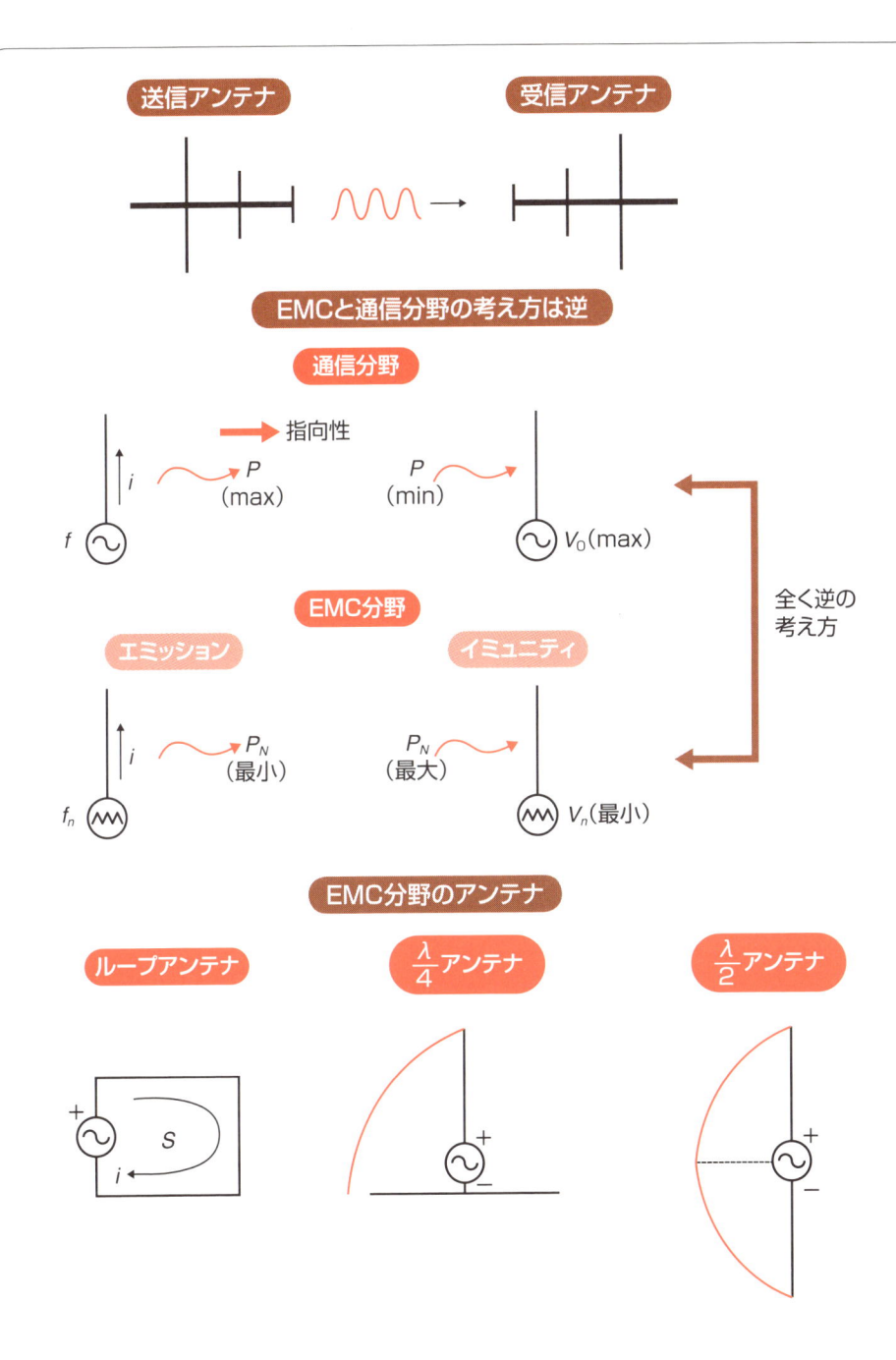

EMCと通信分野の考え方は逆

通信分野

指向性

i, f → P (max) → P (min) → V_0(max)

全く逆の考え方

EMC分野

エミッション / イミュニティ

i, f_n → P_N（最小） → P_N（最大） → V_n（最小）

EMC分野のアンテナ

ループアンテナ　　$\dfrac{\lambda}{4}$アンテナ　　$\dfrac{\lambda}{2}$アンテナ

51 電磁波はアンテナからどのようにして放射されるか

電界成分と磁界成分の分布と電磁波の進む方向

アンテナから電磁波を放射させるためには電圧源 V と電流（高周波）を流すための長さのある導線が必要です。この電流には金属を流れる伝導電流と空気中を流れる変位電流があり、どちらの電流が流れてもアンペールの法則により磁界 H が発生します。

電磁波の放射メカニズムは直流電源 V とスイッチ S と1本の金属線の三つの要素においてスイッチ S が閉じられると電源 V によって金属内の電子が引き付けられ金属線の下側に集まり、上端部にはプラスの電荷が多くなります。外部空間の P 点ではプラスとマイナスの電荷から離れた位置 P 点で合成された電界は E_a となります。今度はさらに長い金属導体に電流が流れたときには分離されたプラスとマイナスの電荷によるそれぞれの電界ベクトルの角度は広くなり合成された P 点の電界は E_b と大きくなります。金属線が長いほど電界 E が大きくなります。次に磁界 H は電流が流れると発生し、その大きさは電流 I

を半径 r の円周の長さ $2\pi r$ で割った値となるが有限の長さの金属線に電流が流れたときに金属線の先端部は途切れているので大地 G との間のキャパシタンス C は小さいので変位電流は少ない。変位電流の流れる量は電流に近い端部 a 付近がもっとも多く、遠い先端部 b に行くに従い少なくなります（アンテナ ab の電流分布は $\lambda/4$）。導線の先端部 b が流れる電流に対してインピーダンスがもっとも大きくなるとき（電流が最大に反射）で先端部 b がもっとも離れた高い位置にあるときです。よくアンテナが高い位置にあるのはそのためです。このときアンテナには直列共振が発生します。$-Q$ の電荷から $+Q$ の電荷の方向に電流が流れ、それによる磁界が ⊗ 方向、電界が電気力線の方向となるので電磁波 P が進む方向が決まります。

要点BOX
- 起電力より押し出された電流は先端で反射して戻り、アンテナには定在波が発生する
- 定在波は $\lambda/4$ が基本周波数

短い金属線と長い金属線の電界 E

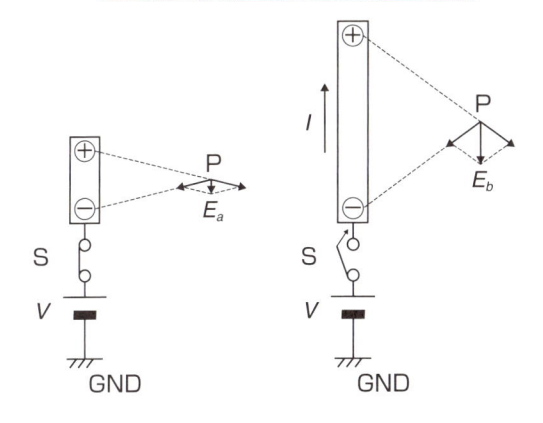

金属線と空気中を流れる電流

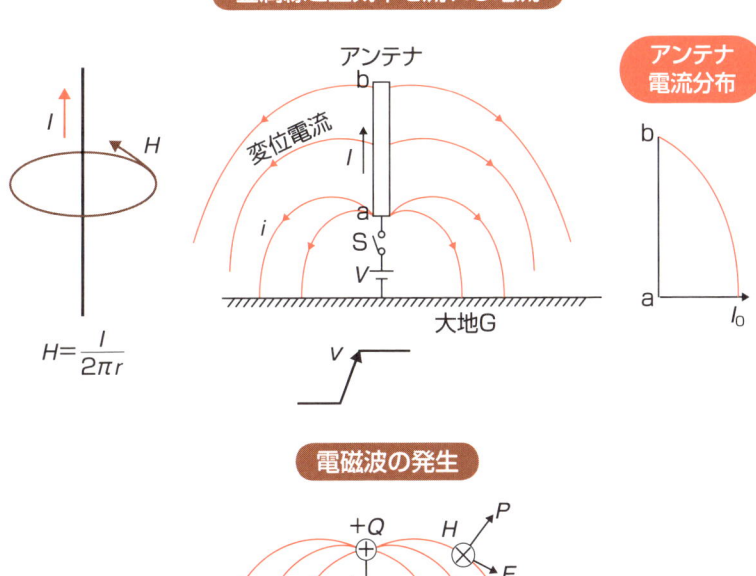

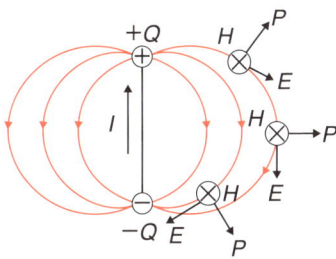

$$H = \frac{I}{2\pi r}$$

アンテナ電流分布

電磁波の発生

● 第8章 電子機器をアンテナモデルで考える

52 電子機器はアンテナモデル、アンテナの放射効率を悪くすればよい

高周波源 f からアンテナに電流 i が流れると、先端がオープンのため電流が最大反射して $λ/4$ に相当する定在波がアンテナから放射されます。そこで、このアンテナをGNDにそって最大限近づけていくと信号回路と同じ構造となり、金属線の先端部 b からGNDまでの距離が近くなりキャパシタンス C が大きくなり電流はGNDをリターンする。信号回路と同じようにアンテナに流れる電流とGNDをリターンする電流が逆方向になるのでアンテナとGND間に電界 E と磁界 H が閉じ込められ、外部に放射される電磁波が少なくなります。これでもアンテナはインピーダンスマッチングされていないので定在波が生じます。放射効率を下げるために、送信部 a に抵抗を入れてインピーダンスマッチングすることにより定在波がなくなります。アンテナを短くすることによって放射効率を下げ、インピーダンスマッチングを不要にすることができます。またフィルタFを挿入して高周波電流を低減することができます。こうしたアンテナ効率を悪くする方法がEMC分野で必要な技術となります。

筐体内部のモデルはPCB1が①ノイズ源 V_n、ケーブル②がノイズ電流伝搬経路で、PCB2が面積 S のノイズ受信部③ PCB2が面積 S の金属部のあるアンテナ先端部と等価になります。このアンテナ先端部に流れる電流を最小にするためにはノイズ源PCB1からのノイズ電流を筐体にリターンさせるためにはPCB1と伝搬経路のケーブルも筐体にできるだけ近づけてノイズ電流を筐体にリターンさせる（放射も最小）。次にノイズ受信部③はPCB2のインピーダンスを最大にする。その条件はPCB2筐体に対して最もインピーダンスが高くなるようにPCB2と筐体間の距離を離してキャパシタンスを小さくする、PCB2の面積 S を小さくすることです。特にノイズの影響を受けやすい微小電圧・電流回路などの基板は筐体から離さなければならない。

> 電子機器をアンテナモデルに置換、モデルは起電力、伝搬経路、負荷

要点BOX
●アンテナの先端部のインピーダンスを最小にすれば放射は少なくなる

アンテナはリターンのインピーダンスが最大

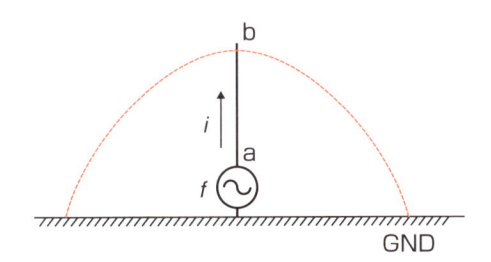

放射効率を悪くする

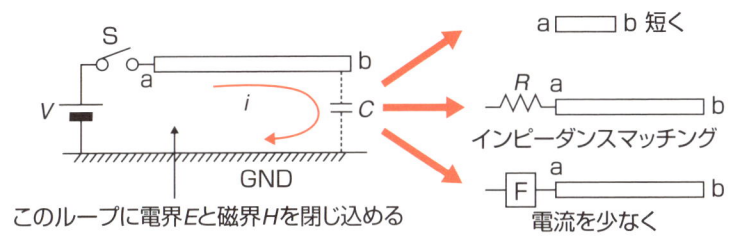

- a ▭ b 短く
- インピーダンスマッチング
- 電流を少なく

このループに電界Eと磁界Hを閉じ込める

電子機器はアンテナモデルで表せる

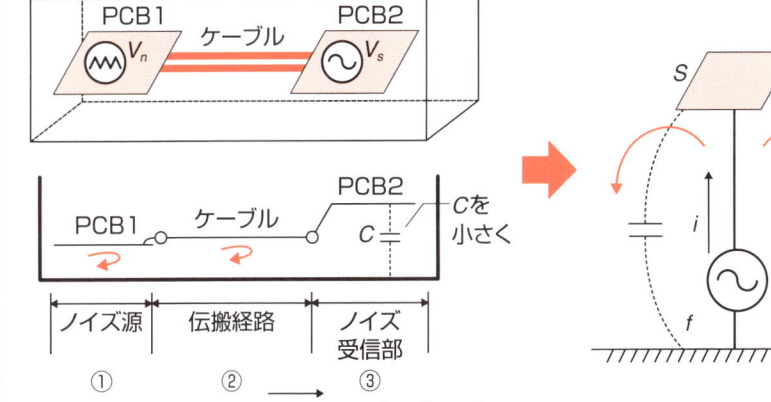

筐体
PCB1 / ケーブル / PCB2
V_n / V_s

PCB1 — ケーブル — PCB2
Cを小さく

① ノイズ源 ② 伝搬経路 ③ ノイズ受信部
インピーダンス高い

面積Sが大きいとアンテナ電流は多くなる

53 ループアンテナとモノポールアンテナから放射されるノイズの特徴とその低減方法

ループアンテナとモノポールアンテナによる電界強度の計算式

信号回路や電源回路には周波数 f の電流 I が回路ループに流れるループアンテナと、信号電流 I のリターン a b 間のインダクタンスによってコモンモードノイズ源 V_n ができ、これによって押し出された信号電流 i が流れる長さ ℓ のモノポールアンテナの2種類のアンテナが形成されます。ループアンテナから距離 r だけ離れた P 点の電界強度 E_d [V／m] は(1)式で表され、空間を伝搬する媒質によって決まる①の項、周波数 f、電流 I、ループ面積の形状・構造によって決まる②項及び距離によって決まる③項となります。この(1)式から周波数を低くするために、②項から周波数が10倍上げれば、20dBの影響は2乗で効く（周波数 f が高くなりノイズの増加）ので技術が進歩すると周波数を低くするためには、回路ループにフィルタを入れて高調波電流を低減する、ループ面積 S を小さくする。次に

モノポールアンテナからの放射ノイズはアンテナから距離 r だけ離れた P 点の電界強度 E_c [V／m] は(2)の式で表され、空間を伝搬する媒質によって決まる④項、電流 i、周波数 f、回路の長さ ℓ の形状によって決まる⑤項及び距離に関する⑥項となります。
この式から電界強度を小さくするには、⑤項より周波数 f を低くする、この周波数は信号電流の高調波成分であるために、回路ループに挿入したフィルタによって高調波を低減することができるが、この周波数自体を低減することはできない。次に電流 i を少なくするためには、電流が流れる経路のインピーダンスを高くする、例えば、電流経路を遮断する、フィルタ（フェライトコアを含めて）を挿入するなど、電流が流れる配線の長さを短くするなどの方法があります。

要点 BOX
- 信号回路や電源回路からループアンテナとモノポールアンテナができてしまう

128

ループアンテナの形成

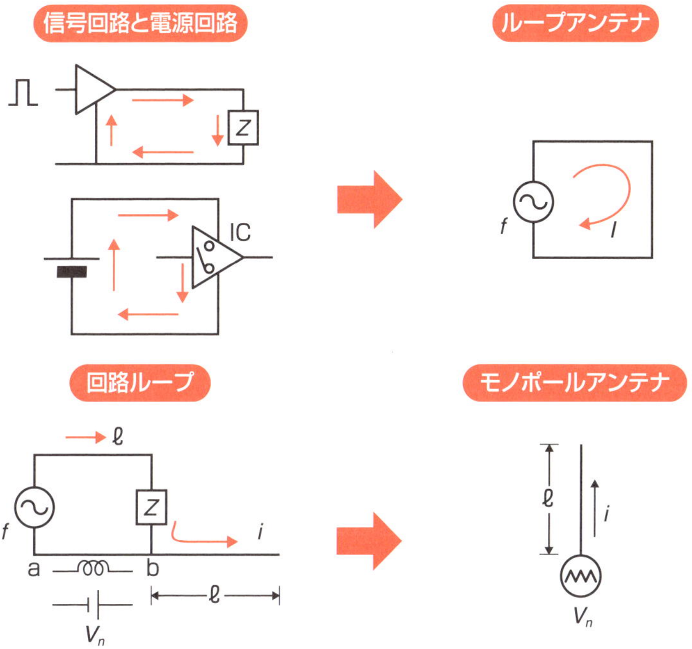

信号回路と電源回路

ループアンテナ

回路ループ

モノポールアンテナ

ループアンテナからの放射電界 E_d [V／m] の大きさ

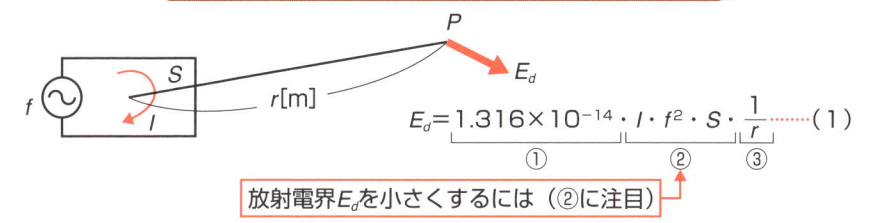

$$E_d = 1.316 \times 10^{-14} \cdot I \cdot f^2 \cdot S \cdot \frac{1}{r} \quad \cdots\cdots (1)$$

① ② ③

放射電界 E_d を小さくするには（②に注目）

モノポールアンテナからの放射電界 E_c [V／m] の大きさ

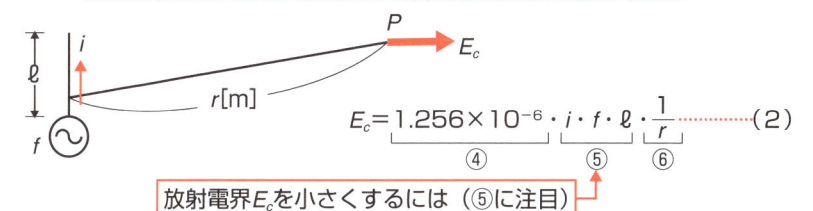

$$E_c = 1.256 \times 10^{-6} \cdot i \cdot f \cdot \ell \cdot \frac{1}{r} \quad \cdots\cdots (2)$$

④ ⑤ ⑥

放射電界 E_c を小さくするには（⑤に注目）

54 アンテナモデルを使ったエミッションとイミュニティへの対策方法

コモンモードノイズ源のショート、ノイズ電流を筐体にバイパスさせる考え方

ノイズが放射されるモデルはPCB（プリント基板）上にノイズ源V_nがあり、ここから押し出されたコモンモードノイズ電流i_nが長さℓのケーブルに流れて空間に放射されます。筐体はノイズ源であるプリント基板を囲むのでシールドの役割もします。ノイズ源V_nから押し出されたノイズ電流はPCBを伝搬して、PCBと筐体とのキャパシティを通して筐体に流れる経路と端部bからケーブルを流れる経路に分かれます。ケーブルを流れたノイズ電流は効率よく放射されます。このノイズ電流をケーブルに流さないで筐体にできるだけ流すことができれば、ケーブルに流れるノイズ電流は少なくなります。筐体に多く流すためにはPCBと筐体を近づける、PCBの両端aと端部bを筐体に近づける、L成分が最小（短く、幅広く）になるようにショートすればよい。次にケーブルに流れるノイズ電流を少なくするためにはケーブルの出口（プリント基板端子b側）にフィルタを挿入する。次にノ

イズを受信する場合は、外部からノイズ電流i_nが流れ、ケーブル及びPCBを伝搬して信号源V_sに影響を与えます。ノイズ電流を内部のPCBに入れずにインピーダンスの低い筐体にバイパスすることによって内部回路に侵入するのを防ぐことができます。そのためにはPCBの端部cと端部dの両端を筐体に接地する。ケーブルの入口のプリント基板端部cに近い方にノイズフィルタを挿入することによってノイズ電流を低減することができます。筐体のないシステムではノイズ源V_n自体を低減してノイズ電流を押し出す力を弱める、ケーブルの出口にノイズフィルタを挿入してノイズ電流を流さないようにする。ノイズの影響を受けるときも同様にケーブルから侵入するノイズ電流をプリント基板に侵入しないようにプリント基板の入口近くのケーブルにフィルタを挿入することや信号源V_s周辺を強化することになります。

要点BOX
- ノイズ源をショートするときにはインダクタンスが必ず入る。ノイズ受信を少なくするにはノイズ電流を筐体にバイパスする

ノイズ放射を少なくする

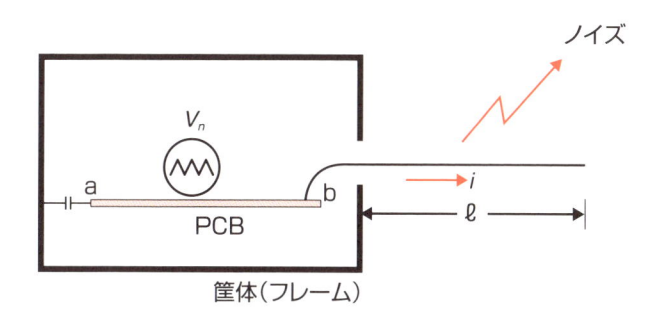

ノイズ源 V_n をショート

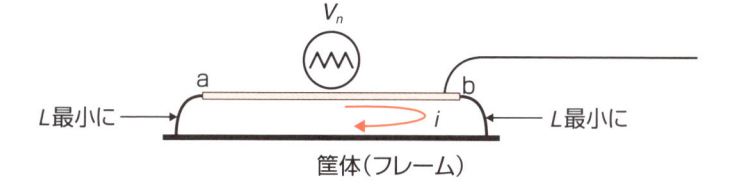

ノイズ受信を少なくする

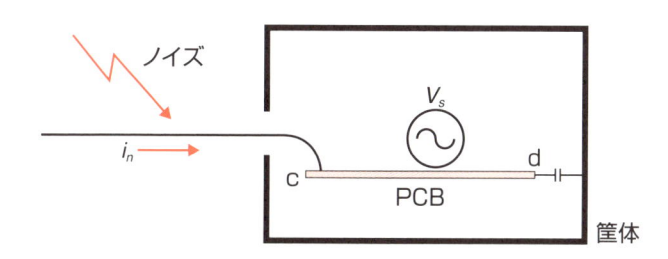

ノイズ電流をバイパスする

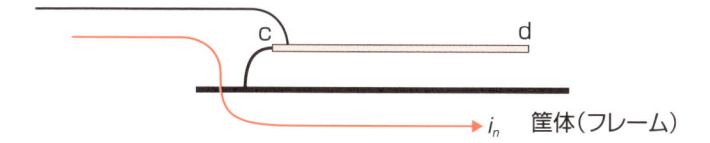

Column

波形を正確に測る

図(a)はオシロスコープにつながれたプローブを示していますが、プローブBの部分は測定しようとする信号のGNDに接続するプローブです。このプローブは比較的長くインダクタンスを持っているために、周波数が高くなるとプローブAとプローブBによるインダクタンスの差によって不要な電圧 V_L（$L \cdot dI/dt$）が発生してしまう。そのため本来測定すべき電圧成分 V_S に対してこの不必要な信号 V_L（$L \cdot dI/dt$）を含んでしまうために誤差を与えてしまいます。この誤差を最小にするためにはプローブBの部分を外してインダクタンスを最小にした図(b)に示すような同軸ケーブルの構造に近い状態にします。このように同軸構造のGNDに相当する外側部分に比較的太い線を短く巻き付けて測定すべき回路のGNDに接続するとインダクタンスの影響を極めて小さくすることができます。

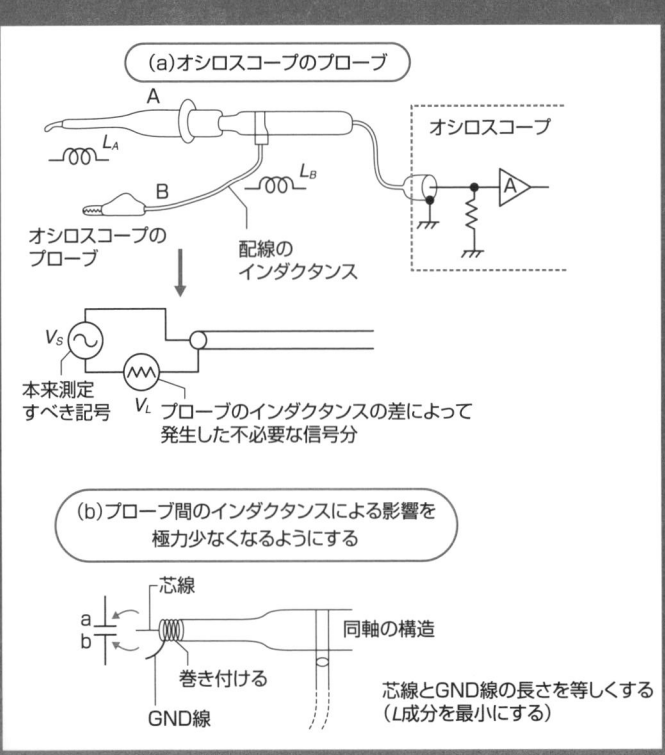

(a) オシロスコープのプローブ

オシロスコープのプローブ
配線のインダクタンス
オシロスコープ

V_S 本来測定すべき記号
V_L プローブのインダクタンスの差によって発生した不必要な信号分

(b) プローブ間のインダクタンスによる影響を極力少なくなるようにする

芯線
巻き付ける
GND線
同軸の構造
芯線とGND線の長さを等しくする
（L成分を最小にする）

第9章
金属と電波吸収体のシールドメカニズム、シールド性能

55 シールドは放射ノイズを遮蔽するだけでなくコモンモードノイズ源の大きさも低減する

シールドの目的は、波源から電磁波が放射されて他の電子機器に影響を与えるのを最小にするために行う。また外部から放射されるノイズが内部回路に侵入するのを防ぐことです。今、高速に動作するICがあり、このICからの信号が流れる回路にインダクタLが存在して信号電流を押し出す力V_n（$-M \cdot dI/dt$）が発生します。a点からb点までの長さが短く、幅広なほどインダクタンスLは小さくなります。IC周辺をシールドするとシールド部分のインダクタンスL_sとICとのM結合が強くなり、並列のLは小さくなり押し出す力は弱くなります。つまりM結合を大きくするためにはシールドはICにできるだけ密着して低い背で行うことが必要です。次にIC1とIC2の配線間のLの低減、つまりコモンモードノイズ源と伝導ノイズの低減の効果は小さくなります。しかしながらIC1の周辺回路やIC2

の周辺回路とシールド間の距離が非常に小さくなっているのでIC1周辺回路から放射されるノイズがIC2の周辺回路に影響を与える可能性は非常に少なくなります。次にシールドの高さを高くした場合には、Lがさらに増加するためコモンモードノイズ源と伝導ノイズの低減の効果はさらに少なくなります。完全なシールドをみるとIC周辺から放射されるノイズがシールド内部で反射してIC2の周辺部分や近くの配線に影響を与える可能性があります。完全なシールドは無理なので、シールドは初めからありきでなく最後の手段として考えることが大事です。電界の波E_0をシールド材料に照射して透過した電界の波E_iを測定して①の式、また磁界の波H_0を測定して②式によって、それぞれ電界波と磁界波に対するシールド効果を求めることができます。

> シールドは相互インダクタンスを大きく、ループインダクタンスを小さくする

要点BOX
● 低背でシールドして相互インダクタンスMを大きく、金属間のすき間はなるべく密に接合する

シールドの状態

小さな領域でシールドする

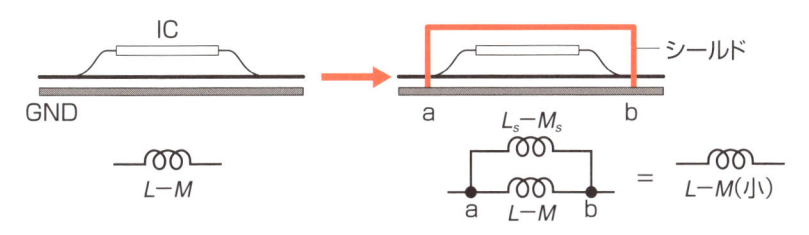

$L_s - M_s$

$L - M$

$L - M(小)$

高さを低くしてシールドする

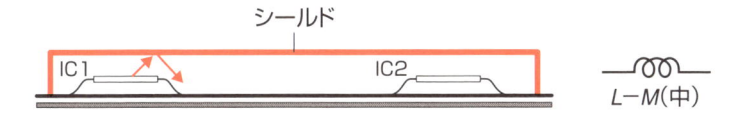

$L - M(中)$

高さを高くしてシールドする

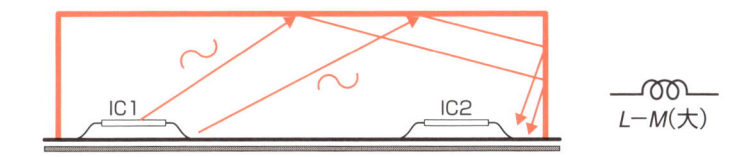

$L - M(大)$

電界と磁界に対するシールド効果の測定

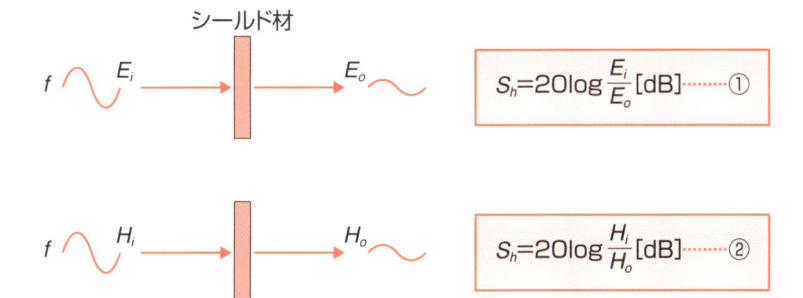

$$S_h = 20\log \frac{E_i}{E_o} \text{[dB]} \cdots\cdots ①$$

$$S_h = 20\log \frac{H_i}{H_o} \text{[dB]} \cdots\cdots ②$$

56 電界波と磁界波のインピーダンスは距離とともに変化する

電磁波（電界の波と磁界の波）の距離に対するインピーダンス特性

オームの法則と同じように、電磁波のインピーダンスZも電界Eを磁界Hで割ると単位はΩとなります。電磁波のインピーダンス特性は横軸に放射源からの距離rをとり、縦軸にインピーダンスZをとると波源に近い場所ではインピーダンスが高く、波源から遠ざかると次第にインピーダンスは低下するAのカーブ、もう一方は波源の近い場所ではインピーダンスが低く、波源から遠ざかると次第にインピーダンスは高くなるBのカーブはともに$r=1.6$以上では一定となります。実際の距離rは横軸の数値に$\lambda/2\pi$を掛けた距離で波長λによって異なります。放射源に近いところで電界Eが大きく、磁界Hが小さい。これは電極間隔が狭く強い電界がかかる微小ダイポール（小さな二つの電極）からの放射される電磁波に相当します。一方、Bのカーブは電界Eが小さく、磁界Hが大きく、電流が多く流れているところ（例：ループコイル、

ドライバーや電流駆動、負荷容量が大きい回路など）から放射される電磁波に相当します。$r=1.6$以上の平面波の領域では電磁波のインピーダンスは一定値の120π（377）[Ω]となります。平面波とは波の位相が直線状にそろっている波で波源に近いところは球面波となっています。$r=1.6$の距離は$\lambda/2\pi$を掛けると0.25λとなるので30 MHzの電磁波の波長λは10 mなので距離$r=2.5$mとなり、1 GHzの電磁波では波長λは0.3 mなので距離$r=7.5$cmとなります。つまり3 mの電波暗室では少なくとも30 MHz以上の電磁波はすべて平面波です。この領域では電界強度E[V/m]を測定すれば、電磁波のインピーダンスが377Ωなので磁界強度及び電磁波の電力も算出できます。例えば、規格値の電界強度Eを40[dBμV/m]とすれば、電界は100[μV/m]なので磁界Hは0.26[μA/m]、電磁波の電力は26[μW/m²]となります。

要点BOX
● 平面波領域（$r=0.25\lambda$以上）のZは377Ωで一定となる、放射ノイズの規格は電磁波の電力を決めている

電磁波のインピーダンス特性

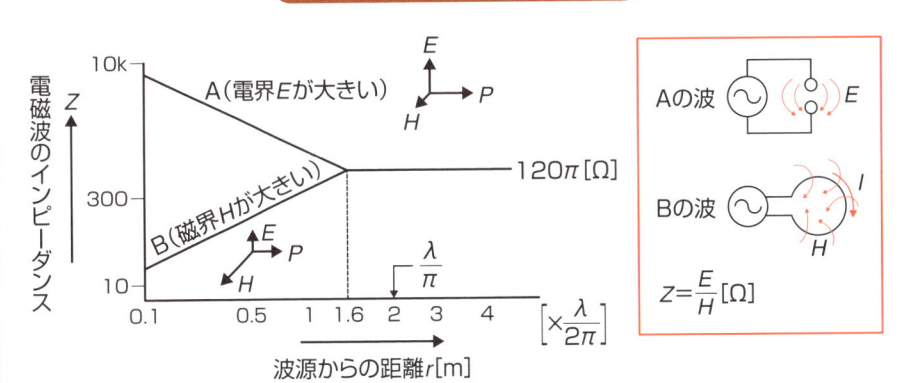

電磁波のインピーダンス Z

- A（電界 E が大きい）
- B（磁界 H が大きい）
- $120\pi\,[\Omega]$
- $\dfrac{\lambda}{\pi}$

波源からの距離 r[m] $\left[\times\dfrac{\lambda}{2\pi}\right]$

Aの波 … E
Bの波 … I, H

$$Z = \dfrac{E}{H}\,[\Omega]$$

球面波から平面波へ

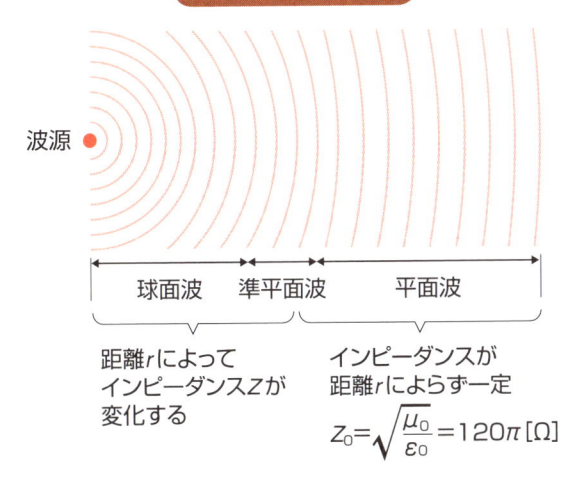

波源

球面波 — 準平面波 — 平面波

距離 r によってインピーダンス Z が変化する

インピーダンスが距離 r によらず一定

$$Z_0 = \sqrt{\dfrac{\mu_0}{\varepsilon_0}} = 120\pi\,[\Omega]$$

平面波の領域

$r = 1.6 \times \dfrac{\lambda}{2\pi} = 0.25\lambda\,[\mathrm{m}]$ 以上

$f = 30\mathrm{MHz}(\lambda = 10\mathrm{m})$ ……… $r = 2.5\mathrm{m}$

$f = 100\mathrm{MHz}(\lambda = 3\mathrm{m})$ ……… $r = 75\mathrm{cm}$

$f = 1\mathrm{GHz}(\lambda = 0.3\mathrm{m})$ ……… $r = 7.5\mathrm{cm}$

57 電磁波源のインピーダンスはシールド性能に影響を与える

波源のインピーダンスとシールド材のインピーダンスによる反射係数

信号V_Sをアンプに入力して増幅された出力V_0は次段の回路の負荷となる抵抗Rに加えられます。アンプの出力インピーダンスR_0が負荷抵抗Rに比べて非常に小さいときにはアンプの出力は次段にほぼ同じ大きさで伝えることができ、R_0が負荷抵抗Rに等しいと負荷には半分の大きさしか伝えられない。さらにアンプの出力インピーダンスが負荷抵抗に比べて非常に大きいと負荷に信号を伝えられない。同じように電界Eが大きいカーブAは電磁波源P(E)とインピーダンスZ(大)で表し、非常に大きく数kΩになります。一方磁界Hが大きいカーブBは電磁波源P(H)とインピーダンスZ(小)で表し、小さく数十Ωとなります。平面波領域では電磁波源P(E、H)とインピーダンス$Z = Z_0$で表し、一定値377Ωとなります。次に電磁波に対してシールド材があるときには伝送路と同じように、電磁波源V、電磁波のインピーダンスZ及びシールド材のインピー

ダンスZ_Sを負荷とした回路と考えられ、反射・透過の考え方を使うことができます。電磁波のインピーダンスとシールド材のインピーダンスとの境界で電磁波は反射するので反射係数ρは①となります。金属によるシールドの場合、最大に反射する条件は反射係数ρが1になるときがシールド性能が最大となります。金属によるシールドではこの反射係数をいかに大きくするかにかかっています(電界波の場合)。磁界に対しては反射でなく金属内部の吸収損失を大きくとることによってシールド性能を大きくする。
カーブAは電磁波のインピーダンスZが大きく、シールド材のインピーダンスZは小さいので大きな反射係数が得られます。電波吸収体の場合には$Z = Z_S$にして、インピーダンスマッチングをとり電磁波のエネルギーを熱として吸収します。

要点BOX
- 電界波はシールド材の表面でほとんど反射して減衰する
- 磁界波はシールド材の内部で減衰する

信号回路の出力インピーダンスによる影響

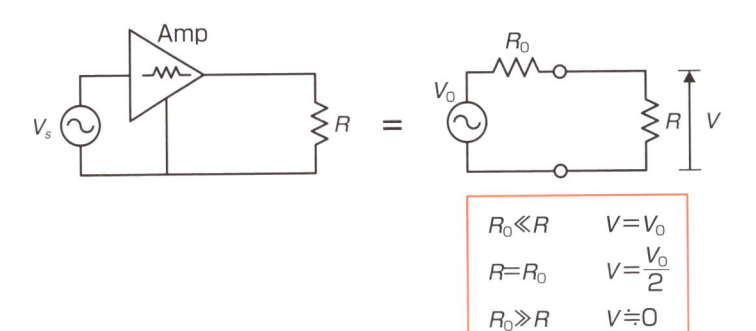

$R_0 \ll R$	$V = V_0$
$R = R_0$	$V = \dfrac{V_0}{2}$
$R_0 \gg R$	$V \fallingdotseq 0$

電界成分の大きいAの電磁波

$P(E)$ — $Z(大)$ — $Z = 数\mathrm{k}\Omega$

磁界成分の大きいBの電磁波

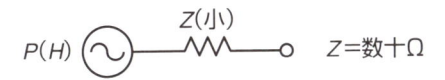

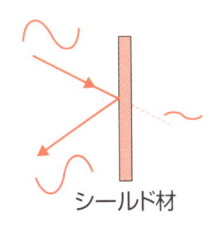

$P(H)$ — $Z(小)$ — $Z = 数十\Omega$

平面波領域の電磁波

$P(E、H)$ — $Z = Z_0$ — $Z = 377\Omega$

シールド材

電磁波の伝送路とシールド材との関係

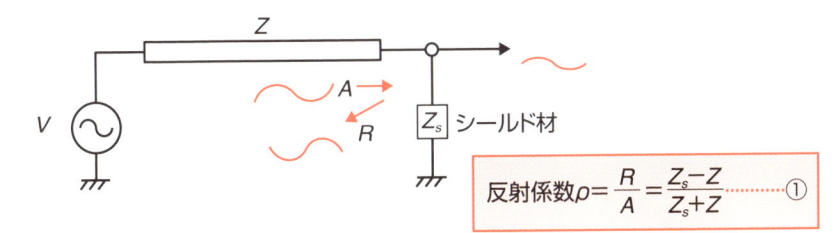

Z_s シールド材

$$反射係数 \rho = \frac{R}{A} = \frac{Z_s - Z}{Z_s + Z} \quad \text{①}$$

58 金属と電波吸収体によるシールドメカニズムとその違い

このシールド効果はシールド性能で表します。例えば、シールド性能が電界又は磁界に対して60dBあるとすれば電界又は磁界の大きさを1/1000まで低減することができます。電磁波はすでに述べたように電界 E の成分と磁界 H の成分があり、金属シールドでは図のAの位置に到達した電磁波を金属表面で最大に反射させる、又は金属内に侵入した電磁波を金属内で最大に減衰させることによって外部に漏れる電磁波を最小にします。金属シールドが金属表面での反射及び吸収損失を最大にするのに対して、電波吸収体は電磁波を電波吸収体の表面の反射をなくして、すべて吸収させてその反射及び吸収損失を最大にする、メカニズムによってシールド性能を最大にします。電波吸収体の応用例には、高速道路のETCシステム（ノンストップ自動料金収受システム）、電気・電子機器から放射される電磁波をアンテナで測定することや電磁波を照射して製品のイミュニティ試験を

行う電波暗室（シールドルーム）などがあります。電波吸収体によるシールドの原理は、電磁波源 P のインピーダンスが377 [Ω] の領域で、電波吸収体のインピーダンス Z_s を377Ωに設計して反射係数 ρ をゼロにすることです。この電波吸収体を用いてシールドができる領域はインピーダンスが一定の平面波の領域に限定されます。次にシールド材のインピーダンスは空気中であれ、媒質（金属を含めた）であれ、電界波 E と磁界波 H が伝搬していくので、$Z_s = E / H$ [Ω] で求めることができます。シールド材料の電気伝導度を σ、誘電率を ε、透磁率を μ とすれば、シールド材のインピーダンスは①式で表され、その大きさは②となり、周波数 f 及び比透磁率と電気伝導度 σ の比の平方根に比例します。この②式に基づいて100MHzの電磁波に対する金属材料（シールド材）であるアルミ、銅、鉄のインピーダンスを求めると表のようになります。

金属シールドは反射と吸収、電波吸収体はインピーダンスマッチングによる吸収

要点BOX
- 金属シールドではシールドの表面反射（電界）と内部吸収損失（磁界）が主である

金属シールドのメカニズム

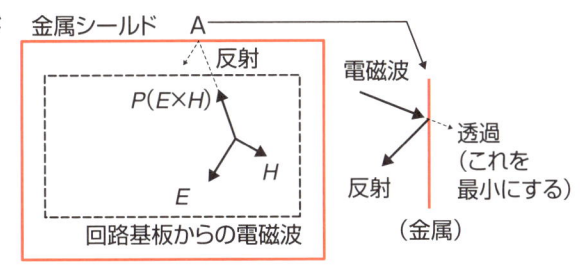

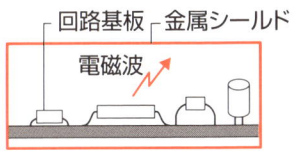

(a) 回路基板のシールド

(b) 電磁波を反射させる

回路基板からの電磁波 $P(E \times H)$ — 反射

電磁波 → 金属 → 反射／透過（これを最小にする）

電波吸収体によるシールドのメカニズム

熱に変換 / 反射 $S(E \times H)$

電波吸収体（フェライトなど）

回路基板からの電磁波

電波吸収体（内部で吸収） / 金属（反射させるため）

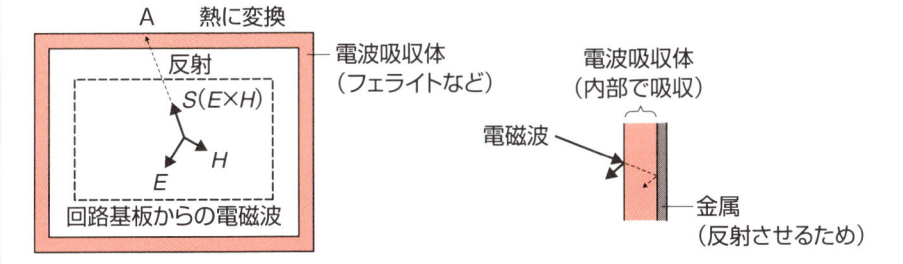

シールド材のインピーダンス Z_s

$$Z_s = \frac{E}{H} = \sqrt{\frac{j\omega\mu}{\sigma + j\omega\varepsilon}} = \sqrt{2\pi f \mu_0 \frac{\mu_r}{\sigma}} e^{j\frac{\pi}{4}} \quad \cdots\cdots ①$$

$$\text{大きさ } |Z_s| = \sqrt{2\pi f \mu_0 \frac{\mu_r}{\sigma}} \quad \cdots\cdots ②$$

100MHzにおける金属材料のインピーダンス

シールド材	電気伝導率 σ [s／m]	比透磁率 μ_r	$\sqrt{\dfrac{\mu_r}{\sigma}}$	インピーダンス $|Z_s|$
アルミニウム	3.96×10^7	1	1.6×10^{-4}	4.5mΩ
銅	5.78×10^7	1	1.3×10^{-4}	3.7mΩ
鉄	1.03×10^7	100 (低周波1000)	3.1×10^{-3}	87mΩ

59 反射損失と吸収損失からシールド性能を求める

金属によるシールドはインピーダンスが異なるシールド材料の入射部分でできるだけ電磁波を大きく反射させる（反射損失①）。この反射損失 R は周波数 f が高くなると少なく、σ/μ に比例し、平面波領域の反射損失 R は③式のようになります。

③式に基づいてアルミニウムと鉄の場合のシールド効果を、電磁波を100MHzとして計算すると、アルミニウムで $R=86.4$ dB、鉄で $R=60.6$ dBとアルミニウムの方が20 dB以上（約20倍）よいことになります。

次にシールド材料の内部に電磁波が入るとシールド材の厚みに比例して減衰する。これが②の内部吸収損失で吸収体の内部での損失をできるだけ多くすることが必要です。シールド材から空気中に出るとき、境界で反射が起こり、内部に戻る電磁波とシールド材を透過する電磁波がある。内部に戻った電磁波はシールド材や吸収体の中で反射を繰り返す（ある条件では無視できる）。従って①の反射損失と②の吸収損失を考えればよいことになります。電界波 E は金属への入射する境界で反射係数が最大で反射、磁界波 H は電界の波とは異なり、②の吸収損失で減衰する。金属は固有の抵抗率 ρ、この逆数が電気伝導度 σ、誘電率 ε は持たず、磁性特性を持つ場合は透磁率 μ があります。また電磁波は周波数 f が高くなるほど、シールド材の厚みが厚いほど減衰します。これらを考慮すると吸収損失 A [dB] は磁性材料の厚み t に比例して、周波数 f、透磁率 μ、電気伝導度 σ の平方根に比例し④のように表すことができます。厚みを薄くしてシールド効果を上げるためには透磁率 μ と電気伝導度 σ のできるだけ大きな金属を用いることが必要になります。吸収損失 A はシールド材の厚み t に比例し、周波数が高くなるほど大きく（$\sqrt{f}$）、$\sqrt{\mu\sigma}$ に比例することが特徴です。

要点BOX
- 電磁波のシールドでは電界波 E は反射損失により、磁界波 H は吸収損失により減衰する

反射損失と吸収損失の計算

反射損失と吸収損失

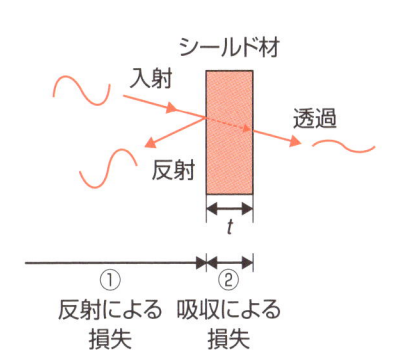

反射損失 R（平面波）

$$R = 20\log_{10}\left(\frac{1}{4}\sqrt{\frac{\sigma}{\omega\mu_r\varepsilon_0}}\right)$$

$$= 90.5 + 10\log_{10}\left(\frac{\sigma}{f\mu_r}\right) \quad \cdots\cdots ③$$

$f = 100\text{MHz}$

アルミニウム　$\frac{\sigma}{\mu_r} = 3.96 \times 10^7$
　　　　　　　$R = 86.4\text{dB}$

鉄　　　　　　$\frac{\sigma}{\mu_r} = 1.03 \times 10^5$
　　　　　　　$R = 60.6\text{dB}$

① 反射による損失
② 吸収による損失

電界波 E は金属の表面で反射

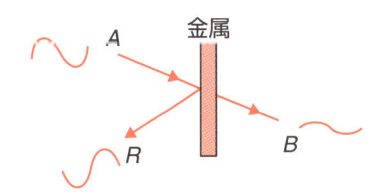

反射係数 $\rho = \dfrac{R}{A} \fallingdotseq -1$

$S_E = \dfrac{R}{A}$

磁界波 H は金属の内部で減衰

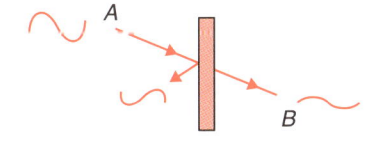

反射係数 ρ は小さい

$S_H = \dfrac{B}{A}$

吸収損失は何で決まるか

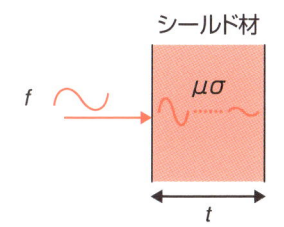

$$A[\text{dB}] = 5.45 \times 10^{-3} t\sqrt{f\mu\sigma} \quad \cdots\cdots ④$$

t：厚み　　μ：透磁率
f：周波数　σ：電気伝導度

Column

モード変換の流れ、ノーマルモードノイズとコモンモードノイズ

仕事をする回路では電流が流れる方向が逆の信号Sからコモンモードノイズ電流N_Cが発生し(ノーマルモードからコモンモードへの変換①)、信号の真のノーマルモード成分はS_Nとなります。この変換されたコモンモードノイズ電流が伝搬経路を流れて(②)、影響を受けやすい微弱信号回路に流れ込み、コモンモードノイズ電流が信号成分と同じノーマルモードノイズN_Nに変換される(③)。こうして考えると①のモード変換を最小にすること、②の伝搬経路ではインピーダンスを高くして伝搬を抑える、③のモード変換を最小にすることである。①で変換されたコモンモードノイズ電流N_Cはそれぞれ矢印の経路で筐体(フレーム)に変位電流となって流れ、それぞれが合成されて④式となります。このとき筐体はコモ

ンモードノイズ電流がリターンする経路、つまり基準となることです(信号電流は回路のGNDをリターンする)。

次に外部から電磁波が放射されると、この電磁波が内部回路をコモンモードノイズ成分となって伝搬するときには、上記①から②、③とすべての部分を流れることになります。従ってすべての部分でコモンモード成分からノーマルモード成分に変換される動作が行われる。①②③とも変換を最小にする方法がとられているので、ノイズ電流の影響を受けにくくなる。

一方、回路に直接照射される電磁波に対して、①②③とも変換を最小にしているので、ループの長さ、配線間の距離を最小にし磁波の影響を受けにくくなっている。シールドは①③の変換を最小(L最小、M最大)にする

ため影響を受けにくくなり、それぞれが合成されて④式も最小となります。

S：信号回路
N_C：コモンモードノイズ
N_N：ノーマルモードノイズ
S_N：信号のノーマルモード成分

$$S = S_N + N_C \quad \cdots\cdots ④$$

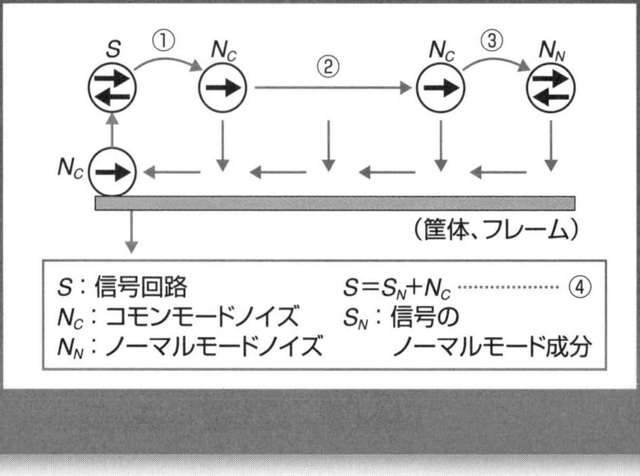

第10章 ノイズの影響を受けないようにするには

60 電磁波の影響を少なくするには回路面積を小さくする

電磁波の電力は電界と磁界のベクトルで作る長方形の面積（ベクトルの外積）

外部からの放射と伝導するノイズを受けても回路が意図した動作をすることを耐性（イミュニティ）があると言います。LED点灯回路において、外部から電磁波①が回路に放射されると回路にノイズ電圧が発生し、LEDが点灯すると誤動作となります。回路に電界波や磁界波が侵入すると、回路内部では波による変位（電位V_n）が発生して影響を及ぼします。伝導ノイズ②には、空間から受けたノイズが伝導するもの、システム内外のノイズ源から伝導するものがあり、耐性を高めるには、これらのノイズに対して回路を強くしなければならない。そのためには、フィルタFを挿入してノイズが流れる経路のインピーダンスを高くする、キャパシタCで信号GND、筐体やフレームにバイパスして、ノイズ電流を少なくするなどの方法があります。電界Eと磁界Hによる面積が電力の大きさなので、回路を小さくすることによって受ける電力量を小さくできます。今、5Vの電池と100Ωの抵抗負荷の回路のループ面積Sは25mm²（d＝5mm）とすれば、回路に流れる電流Iは5mAとなり、1kΩの負荷で消費される電力は25[mW]です。この回路に例えば電界強度10[V/m]の電界波Eが侵入すれば、平面波領域の磁界Hは、E/Hが一定の377[Ω]なので磁界Hは26.5[mA/m]と求まり、ノイズ電力密度$E\cdot H$は265[mW/m²]となります。従って、回路の面積が$25×10^{-6}$[m²]なので受ける電力は電力密度を掛けると6.62[μ]となります。このノイズ電力は回路で消費される電力の1/3776で、電力のS/N比は-35.7dBとなります。またノイズ電力P_nからP_n＝R・V_n^2よりノイズ電圧V_nを求めると81.3mVとなり、抵抗1kΩに印加される5Vに対してノイズ電圧は1/61.5となり、同じく-35.7dBのS/Nとなります。

要点BOX
- 電磁波の電力は電界と磁界の面積に分布、受信回路の面積を小さくすれば受信電力を少なくすることができる

回路が受けるノイズの波

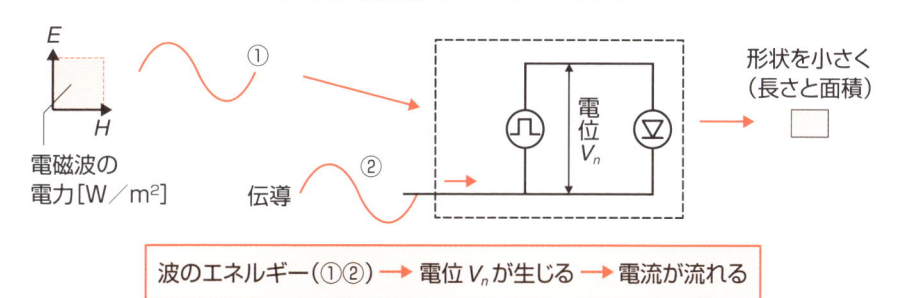

電磁波の電力 [W/m²]

① 放射
② 伝導

波のエネルギー（①②）→ 電位 V_n が生じる → 電流が流れる

形状を小さく（長さと面積）

波の伝導効率を悪くする

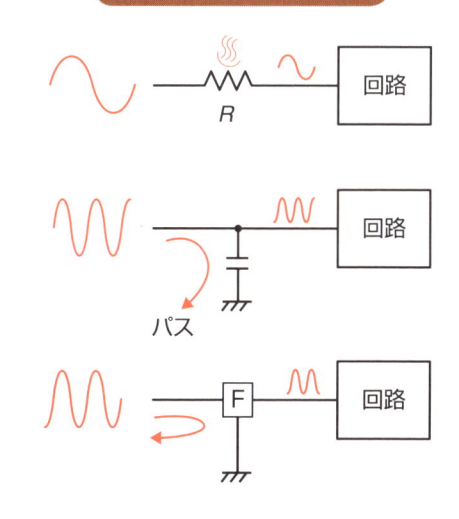

R → 回路

パス → 回路

F → 回路

回路が受けるノイズの大きさの計算

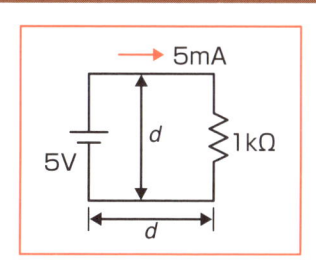

5mA
5V
1kΩ
d

61 電界波の影響を少なくするには長さを短くする

電界波は単位長さあたりの電圧の大きさ

電界 E の強さの単位は [V／m] で、1mの長さの導体の両端に発生する電圧の大きさ [V] の差（傾き）を表したもので $\lambda/4$ の波が乗ったときに両端は最大電圧となります。イミュニティ性能を調べる試験の一つに放射電界強度の試験があります。電子機器や電気機器など装置が一般住宅環境で使用される場合は電界強度3 [V／m] の強さで試験を行い、装置が製造所や工場などで使用される工業環境では10 [V／m] で試験を行います。いずれも試験周波数は30 MHzから1000 MHzの範囲となります。この電界波を1mの導体で受信すると導体の両端とは電界波を1mの導体で受信すると導体の両端に3 [V]、10 [V] の電圧の波が発生するということです。この電界波を導体が受けると、電界 E の波の振幅方向と直角方向（記号⊗）に置かれた導体では、長さ方向ではどの位置でも変位は同じとなり導体長の方向と同じ方向に導体を置くと波の変化を化する方向に発生する電圧は0 [V] です。次に電界の波が発生する電圧は0 [V] です。

そのまま受け $\lambda/4$ に相当する長さが最大の振幅となります。今、簡単に配線間（a－b）の距離が ℓ [m] で電界が E [V／m] であるとすれば抵抗 R の両端に発生するノイズ電圧 V は電界 E の大きさに長さ ℓ を掛けたものとなります。例えば、電界強度 E が10 [V／m] で回路の配線間の長さが1cmあったとすれば $V＝0.1$ [V] のノイズ電圧が発生します。これに対して電界の波が配線 a b に対して垂直方向に入射すると、2本の配線（長さを等しい）に発生する電圧は等しく、配線間（a b 間）の抵抗 R にはノイズ電圧は発生しない。このように電界波によるノイズ電圧を小さくするには配線の長さを最短にしなければならない。電子機器の中には長さをもったものがほとんどでケーブル、プリント基板上の長い配線、長い金属などが電界波の影響を受けてノイズ電圧を発生します。これはアンテナを長くすると感度がよくなる一般の受信アンテナと同じ原理です。

要点BOX
- 電界は単位長さあたりの電圧の勾配なので、受信回路の長さを短くすれば受信ノイズの大きさは小さくなる

電界の波

E [V/m]

電界強度 3 [V/m]

3V / 1m

電界波　　　受信導体

E ⊗

E

E a ─ ℓ ─ R V_n

$V_n = E \cdot ℓ \, [\text{V}]$

B
A

A の成分の波の大きさを受ける

62 磁界波の影響を少なくするには面積を少なくする

磁界の単位は磁力線が回転する長さに対する電流の大きさ

直線導体に電流 I [A] を流すと磁界 H はアンペールの法則によって $H=I/2πr$ [A/m] となります。今、電源 V とスイッチ S で構成された円形の回路において、電流 I が流れると磁力線は紙面表から裏の方向（記号⊗）に発生し、その場の透磁率 $μ$ を掛けると磁力線の密度となり、さらに磁力線が入る回路のループの面積 S を掛けると全磁力線数 $φ$（磁束）となります。スイッチを切り替える速さを変えると磁界線が変化します。イミュニティ試験の一つに放射電磁界試験があるが、平面波領域では電磁波のインピーダンス（E/H）は120π（377）[Ω]となるので電界 $E=3$ [V/m] とすれば磁界 H は約8 [mA/m] となります。この磁界の強さは直線導体に100 [mA] 流したとき、半径 r が2mの円周に近い半径 r の円形のループと同じ大きさになります。現実的回路に生じる磁界と同じ大きさになります。円の中心部に発生する磁界 H は電流 I が流れたとき $H=I/2r$ となる

ので計算すると半径 r は6.25mとなります（なんと巨大なループか）。ちなみに日本付近の地球の磁場の強さは30〜40 [A/m] と言われています。これは半径1.25cmの円形ループの回路に1 [A] 流したときの中心部の磁界40 [A/m] とほぼ等しくなります（かなり強烈な磁界）。今、抵抗 R の簡単な回路ループがあり、このループに入る磁界波（磁力線数 $φ$）が増加するとファラデーの電磁誘導の法則によってこの磁力線数が減少する（−$φ$）方向に右回りの電界 E [V/m] の渦が回路ループにできます。このため抵抗 R の両端から見たループの長さを $ℓ$ [m] とすれば、電界 E に長さ $ℓ$ を掛けた電圧 $V=E・ℓ$ [V] が発生します。このように磁界は電界と異なり回路ループの長さに比例したノイズ電圧を発生します。そのため磁界の波の影響を少なくするためには回路のループの長さを極力短くしなければならない。

要点BOX
●磁界の影響を少なくするためには受信回路の周囲の長さを短くすることである

磁界の波

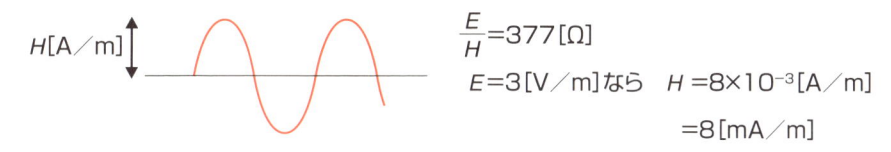

H[A/m]

$\dfrac{E}{H} = 377$ [Ω]

$E = 3$ [V/m] なら $H = 8 \times 10^{-3}$ [A/m]
$= 8$ [mA/m]

磁界の強度 H[A/m]

$H = \dfrac{I}{2\pi r}$

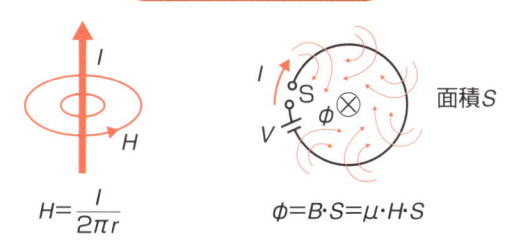

面積 S

$\phi = B \cdot S = \mu \cdot H \cdot S$

電界 E[V/m] と磁界 H[A/m] の関係

$\dfrac{E}{H} = Z = 377\,\Omega$

$E = 3$ [V/m] なら $H \fallingdotseq 8 \times 10^{-3}$ [A/m]

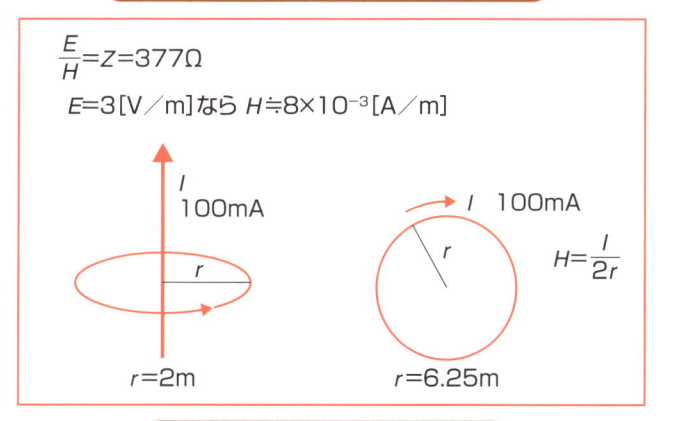

I 100mA
$r = 2$m

I 100mA
$r = 6.25$m
$H = \dfrac{I}{2r}$

回路ループが磁界の波を受ける

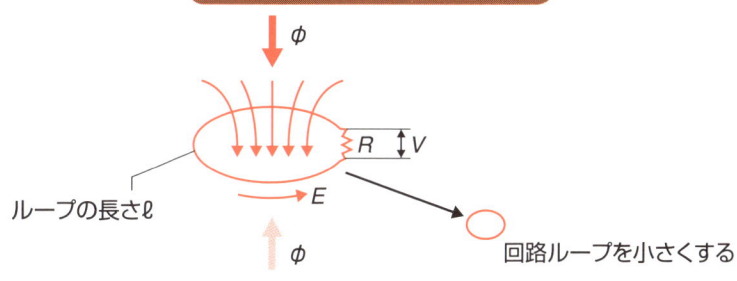

ϕ
R V
ループの長さ ℓ
E
ϕ
回路ループを小さくする

63 伝導ノイズによる影響を少なくするにはキャパシタンスを最大にする

信号 V と負荷（抵抗 R）からなる簡単な回路があります。ここに大きさ10の伝導ノイズが流れると、この波が抵抗 R に到達するには二つの経路があり、ノイズはインピーダンスの低い方に多く流れるので（GNDを低いとして）、信号側に流れる波の大きさを2、GND側に流れる波の大きさを8とすれば、抵抗 R にはその差である -6（大きさ6）の波が発生し、これがノイズ電圧となります。この信号回路では配線 a b 間をできるだけ狭くすれば、それぞれのラインのインダクタンス成分は M 結合分だけ大きくなりノイズ電流を押し戻す力 V_M が大きくなります。また、配線間のキャパシタンス C が大きくなり、配線間の波の振幅を等しくする方向となります。こうして抵抗 R の間に発生するノイズ電圧が小さくなります。この M 結合を最大（C も最大となる）には、信号回路の裏面はベタGNDで、表の回路は小さく組みその周りをGNDで塗りつぶす構造にします。アナロ

グ回路では周りをGNDパターンで塗りつぶし、回路を小さく組むとノイズに強いと言われる理由がここにあります。物理的な配線構造だけでは不十分な場合は、部品のキャパシタ C を抵抗 R に並列に追加すると、この C でノイズ電流がバイパスされます。

次にノイズ電流が筐体内部のPCBに入れないようにするために、それぞれのケーブルにフィルタFやフェライトコアなどを挿入する（フィルタは3本、フェライトコアは全体）、キャパシタ C（電気的耐圧の必要性を考慮）を入れて筐体にバイパスします。これらは筐体の入口近くに配置しなければならない。このキャパシタにはいつも長さによる L 成分があるので最も短く、幅広くします。

要点BOX
- 信号回路の相互インダクタンス M を最大にする、経路のインピーダンスの最大化とキャパシタによる筐体へのバイパス

伝導ノイズをリターンしやすくする、信号回路は相互インダクタンス M を最大

ノイズ伝導と受信

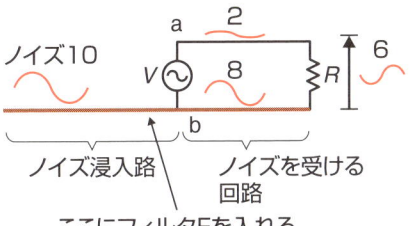

ノイズ10 — V(a) — 2 — R — 6
8
b

ノイズ浸入路 / ノイズを受ける回路

ここにフィルタFを入れる

配線構造による効果

配線を近づける

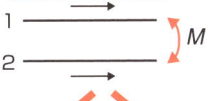

1 →
2 → M

→ 逆起電力V_Mが大きくなる

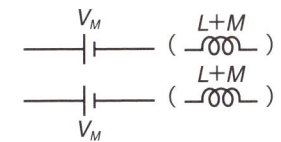

V_M — (L+M)
(L+M) — V_M

→ 平衡度が向上する

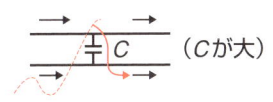

C （Cが大）

実装はM結合を最大に

プリント基板表面
GNDパターン
小さな領域をGNDで囲む

プリント基板断面
GND

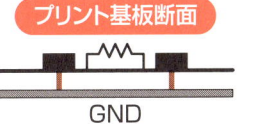

ケーブルと筐体

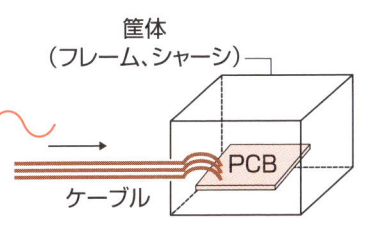

筐体（フレーム、シャーシ）
PCB
ケーブル

フィルタとキャパシタ

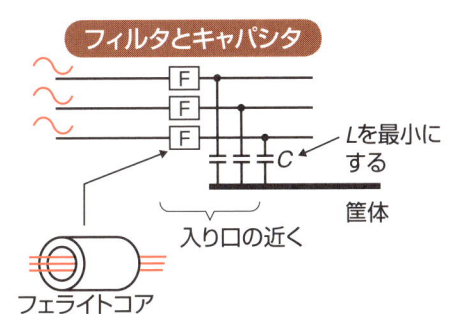

F
F
F
C

Lを最小にする
筐体
入り口の近く
フェライトコア

● 第10章 ノイズの影響を受けないようにするには

64 開口部（すき間）から出入りするノイズを最小にする

すき間の大きな開口部Aと小さな開口部Bに対してここから外部に放射される電磁波や開口部を通して侵入してくる電磁波について①のように周波数が低く、波長が長い波、②のような周波数が①に比べて高く、波長が短い、さらに③のように周波数が高く、波長が短い三つの波のケースを考えます。

今、開口部の長さをℓとすればここから波が外部に漏れる場合、長さℓが$\lambda/2$に一致したときが最大の漏れ量となり、この漏れを減衰量A[dB]で表せば

(1)式となります（$\ell = \lambda/2$で最大0 dB）。長さを半分にすると減衰量は-6 dBとなり、さらに短くすると減衰量は大きくなります。今、開口部の長さを10 cmとして波の周波数fを100 MHzとすれば、波長λは3 mとなるので減衰量を計算すると-23・5 dB、周波数を500 MHzと高くすると波長は60 cmとなるので減衰量Aは-9・5 dBとなります。大きな減衰量を得るには開口部の長さを波長に比べて短

くする必要があります。100 MHzと同じ減衰量を得るためには500 MHzの波では開口部の長さを1 cmに、1 GHzの周波数では開口部の長さを1 cmと短くしなければならない。今、円形の開口部のピッチをPとして、穴の大きさを均等に$P/2$とすれば波が$\lambda/2$と穴の大きさが一致したとき波の減衰量Aは(2)式のように波の波長λに対する円形穴のピッチPの比によって決まります。穴のピッチPを2 cm（穴径は1 cm）として、周波数100 MHzの波長λは3 mなので減衰量Aは-43・5 dB、500 MHzの波長λは60 cmなので減衰量Aは-29・5 dB、1 GHzでは減衰量Aは-23・5 dBと漏れ量が多くなります。このことは開口部の長さが重要で、長さ方向の幅は関係がないということです。筐体やフレームからの電磁波の漏れや侵入を少なくするには円形又は矩形の小さな穴を多くすることが必要となります。

開口部の長さとノイズの波長との関係

要点BOX
●開口部は波が出入りする窓、漏れ量は開口部の長さとノイズの波長で決まり、小さな窓をたくさん作るのがよい

開口部の長さと波の波長

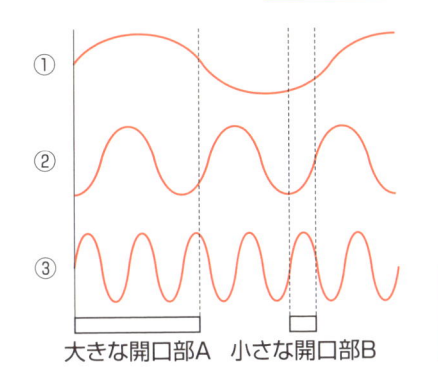

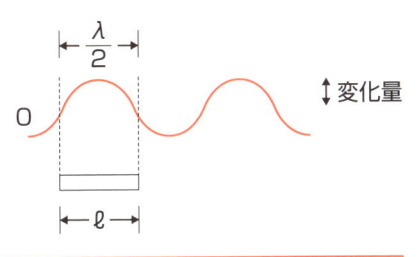

① ② ③

大きな開口部A　小さな開口部B

変化量

$$減衰量 A[\text{dB}] = 20\log \frac{\ell}{\left(\frac{\lambda}{2}\right)} \quad \cdots\cdots (1)$$

すき間を細かく分割する

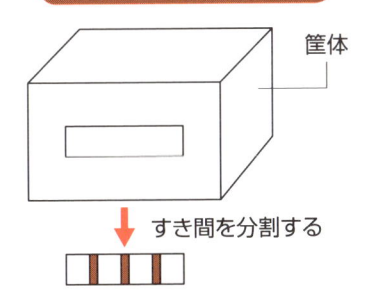

筐体

すき間を分割する

格子状すき間の減衰量

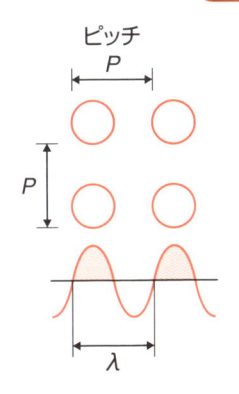

ピッチ P

$$減衰量 A[\text{dB}] = 20\log \frac{\left(\frac{P}{2}\right)}{\left(\frac{\lambda}{2}\right)}$$
$$= 20\log \left(\frac{P}{\lambda}\right) \quad \cdots\cdots (2)$$

65 静電気ノイズへの対策

静電気の放電と伝導のメカニズム

静電気は発生源、源から伝搬、受信と三つの区分から構成され、それぞれ発生源、する経路、静電気を受ける回路への対策となります。

静電気は人体に帯電するだけでなく、絶縁物と金属、液体、これら相互の摺動や摩擦するときなどでも発生し、乾燥状態や摩擦係数の大小によっても大きく変わります。帯電体のキャパシタンスCは①式で表すことができるので、仮に人を半径$a=60$cmの導体とすればキャパシタンスCは111pF（ピコファラッド）となります。帯電した電荷Qを1［μC］として帯電電圧V_{st}を②式によって計算すると9kVとなります。

次に帯電した人が機器に触れると静電気は電子機器の筐体を流れて電源ラインの接地線Gを通して大地に流れるが、接地線は長いためインダクタンスLが大きく（長さ1cmあたり10nHのインダクタンスとすれば2mでは2000nH、100MHzインピーダンス2πfLは1.25kΩと大きい）瞬時ではなく徐々に流れる。また電子機器と大地との間のキャパシタC_Aを仮に100pFとすると周波数100MHzに対するインピーダンス1／2πfC_Aは16Ωとなり、少なくとも数十MHzは変位電流となって大地に流れます。この変位電流によってノイズが放射され周辺の電子機器にノイズの影響を与えます。システム1の電子機器には静電気Q_{st}からの電流の経路は回路基板、筐体、キャパシタを通して大地アースに流れるルート1、すき間から筐体、キャパシタを通して大地アースに流れるルート2、回路基板に放射されるルート3があります。

そのために筐体をなるべく筐体に多く流すようにする、静電気電流を回路に流さないようにする、そのために筐体の金属のつなぎ目はインダクタ成分が最小になるようにする必要があります。回路側の対策ではこれまでの放射や伝導ノイズ対策を基礎（回路の小型化、平衡化）とした回路構造、必要に応じてシールドなどが考えられます。

要点BOX
- 静電気は高速なのでインダクタンスが大きいと流れない。筐体のつなぎ目は面で接触する、開口部近くに回路を置かない

人が帯電したときの電圧

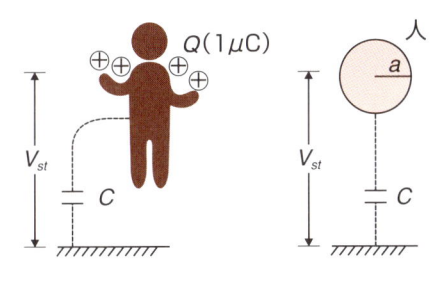

$C = 4\pi\varepsilon_0 a \ (a=60\text{cm})$ ……①

$\varepsilon_0 = \dfrac{1}{36\pi} \times 10^{-9} \text{[F/m]}$

$C \fallingdotseq 111 \text{[pF]}$

$Q = CV_{st}$ ……②

静電気が筐体を流れる

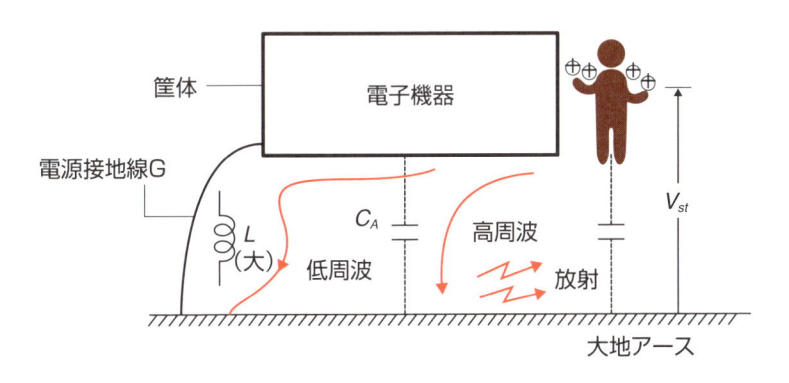

筐体
電子機器
電源接地線G
L（大）
低周波
C_A
高周波
放射
V_{st}
大地アース

静電気電流が流れるルート

システム1

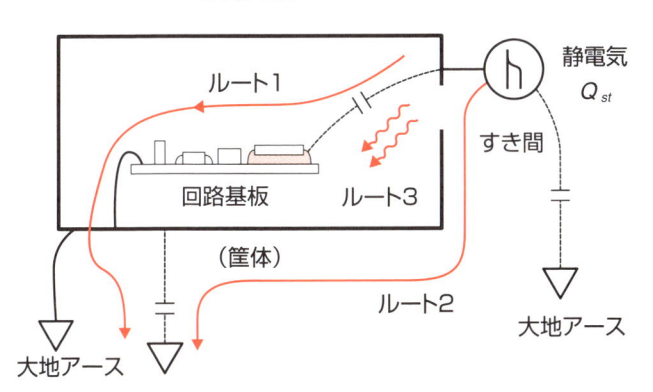

ルート1
回路基板
ルート3
（筐体）
ルート2
すき間
静電気 Q_{st}
大地アース
大地アース

●第10章　ノイズの影響を受けないようにするには

66 ノイズの発生を少なくする技術とノイズの影響を少なく受ける技術は同じ

エミッションの技術とイミュニティの技術の双対性

　エミッション（EMI）とイミュニティの技術の共通性についてキーとなる項目について検討すると、回路ループの長さは、短くすることによるアンテナの放射効率が悪くなり、ノイズ電力を受ける面積が小さくなる。回路を小さな領域でシールドすると放射ノイズは遮断され、また内部回路に侵入できない。シールドは電磁波の侵入だけでなく M 結合が大きくできコモンモードノイズ源（$L-M$）・di/dt を小さくできる。ノイズ電流に対するインピーダンスを大きくできる。信号配線は短くして、配線間の M 結合を最大にするとノイズ源が最小となり、受信ノイズ電力を最小にできる。インピーダンスマッチングは直列共振と並列共振による放射ノイズ及びノイズ電力の吸収を最小にする。キャパシタ C はループを短くしてノイズ源の最小化、ノイズ電流に対してバイパス機能を発揮する。部品のフィルタは高周波のノイズ電流の低減、侵入ノイズを低減する。物理的形状ではインダクタンス成分 L は小さいほどノイズ源の強度が低下し、ノイズ受信では磁力線が入る面積が少なくなります。キャパシタンス成分 C は大きいほど電磁界を閉じ込めノイズの漏れが少なく、受信ノイズをバイパスできます。抵抗成分 R は放射・伝導ノイズ電力を熱エネルギーとして吸収する。クロック波形の立上りと立下り時間が短いほどスペクトルは大きく、わずかなノイズ変化を受けてもICが反応してしまう。このようにEMIとイミュニティは全く同じ技術なので、クロック周波数が低い（数kHzから1MHz程度）の電子・電気機器や装置からの放射ノイズは少なく、部品の選定、配線等をそれほど考慮しなくても目的とした動作は得られる。しかしながらEMIに関する技術対策をしっかりやっておかないとイミュニティ試験ではほとんど不合格ということになってしまうので十分に注意が必要である。

要点BOX
- ●クロック周波数が低く、放射が少ない機器でもEMI技術が必要である
- ●エミッションとイミュニティ技術は同じ

エミッション(EMI)とイミュニティの技術の共通性

項目	エミッション(EMI)	イミュニティ
ループの長さ		
アンテナ（アンテナ効率を悪く）		
シールド（小さい領域）		
信号配線（短くして、M結合大）		
平衡化		
インピーダンスマッチング		
キャパシタンス		
フィルタF	a —[F]— b	a —[F]— b
物理的構造に関するパラメータ	① Lを小さく ② Cを大きく ③ Rを大きく	① Lを小さく ② Cを大きく ③ Rを大きく
クロックの立上り、立下り時間		

今日からモノ知りシリーズ
トコトンやさしい
EMCとノイズ対策の本

NDC 549.38

2014年9月26日　初版1刷発行
2022年7月15日　初版4刷発行

ⓒ著者　鈴木　茂夫
発行者　井水　治博
発行所　日刊工業新聞社
　　　　東京都中央区日本橋小網町14-1
　　　　（郵便番号103-8548）
　　　　電話　書籍編集部　03(5644)7490
　　　　　　　販売・管理部　03(5644)7410
　　　　FAX　03(5644)7400
　　　　振替口座　00190-2-186076
　　　　URL　https://pub.nikkan.co.jp/
　　　　e-mail　info@media.nikkan.co.jp

印刷・製本　新日本印刷㈱

●DESIGN STAFF
AD　　　　　　　志岐滋行
表紙イラスト　　　黒崎　玄
本文イラスト　　　角　一葉
ブック・デザイン　大山陽子
　　　　　　　　（志岐デザイン事務所）

●
落丁・乱丁本はお取り替えいたします。
2014 Printed in Japan
ISBN 978-4-526-07298-7 C3034

本書の無断複写は、著作権法上の例外を除き、
禁じられています。

●定価はカバーに表示してあります

●著者略歴
鈴木茂夫（すずき しげお）
1976年　東京理科大学　工学部　電気工学科卒業
フジノン㈱を経て㈲イーエスティー代表取締役
技術士（電気電子／総合技術監理部門）

【業務】
・EMC技術等の支援、技術者教育
Eメール　rd5s-szk@asahi-net.or.jp

【著書】
「EMCと基礎技術」（工学図書）、「主要EC指令とCEマーキング」（工学図書）、「Q&A　EMCと基礎技術」（工学図書）、「CCDと応用技術」（工学図書）、「技術士合格解答例（電気電子・情報）」（共著、テクノ）、「環境影響評価と環境マネージメントシステムの構築―ISO 14001―」（工学図書）、「実践ISO 14001審査登録取得のすすめ方」（共著、同友館）、「技術者のためのISO 14001―環境適合性設計のためのシステム構築」（工学図書）、「実践Q&A環境マネジメントシステム困った時の120例」（共著、アーバンプロデュース）、「ISO統合マネジメントシステム構築の進め方―ISO 9001 / ISO 14001 / OHSAS 18001」（日刊工業新聞社）、「電子技術者のための高周波設計の基礎と勘どころ」（日刊工業新聞社）、「電子技術者のためのノイズ対策の基礎と勘どころ」（日刊工業新聞社、台湾全華科技図書翻訳出版）、「わかりやすいリスクの見方・分析の実際」（日刊工業新聞社）、「わかりやすい高周波技術入門」（日刊工業新聞社、台湾建興文化事業有限公司翻訳出版）、「わかりやすいCCD/CMOSカメラ信号処理技術入門」（日刊工業新聞社）、「わかりやすい高周波技術実務入門」（日刊工業新聞社）、「わかりやすいアナログ・デジタル混在回路のノイズ対策実務入門」（日刊工業新聞社）、「わかりやすい生産現場のノイズ対策技術入門」（日刊工業新聞社）、「読むだけで力がつくノイズ対策再入門」（日刊工業新聞社）、「ノイズ対策のための電磁気学再入門」（日刊工業新聞社）、「デジタル回路のEMC設計技術入門」（日刊工業新聞社）